中华精神家园

古建风雅

亭台情趣

迷人的典型精品古建

肖东发 主编　刘传英 编著

中国出版集团

现代出版社

图书在版编目（CIP）数据

亭台情趣：迷人的典型精品古建 / 刘传英编著. —
北京：现代出版社，2014.5（2019.1重印）
ISBN 978-7-5143-2324-5

Ⅰ. ①亭… Ⅱ. ①刘… Ⅲ. ①古建筑－亭－介绍－中
国 Ⅳ. ①TU-092.2

中国版本图书馆CIP数据核字(2014)第086226号

亭台情趣：迷人的典型精品古建

主　　编：	肖东发
作　　者：	刘传英
责任编辑：	王敬一
出版发行：	现代出版社
通信地址：	北京市定安门外安华里504号
邮政编码：	100011
电　　话：	010-64267325　64245264（传真）
网　　址：	www.1980xd.com
电子邮箱：	xiandai@cnpitc.com.cn
印　　刷：	北京密兴印刷有限公司
开　　本：	710mm×1000mm　1/16
印　　张：	11
版　　次：	2015年4月第1版　2019年1月第2次印刷
书　　号：	ISBN 978-7-5143-2324-5
定　　价：	40.00元

　　党的十八大报告指出："文化是民族的血脉，是人民的精神家园。全面建成小康社会，实现中华民族伟大复兴，必须推动社会主义文化大发展大繁荣，兴起社会主义文化建设新高潮，提高国家文化软实力，发挥文化引领风尚、教育人民、服务社会、推动发展的作用。"

　　我国经过改革开放的历程，推进了民族振兴、国家富强、人民幸福的中国梦，推进了伟大复兴的历史进程。文化是立国之根，实现中国梦也是我国文化实现伟大复兴的过程，并最终体现为文化的发展繁荣。习近平指出，博大精深的中国优秀传统文化是我们在世界文化激荡中站稳脚跟的根基。中华文化源远流长，积淀着中华民族最深层的精神追求，代表着中华民族独特的精神标识，为中华民族生生不息、发展壮大提供了丰厚滋养。我们要认识中华文化的独特创造、价值理念、鲜明特色，增强文化自信和价值自信。

　　如今，我们正处在改革开放攻坚和经济发展的转型时期，面对世界各国形形色色的文化现象，面对各种眼花缭乱的现代传媒，我们要坚持文化自信，古为今用、洋为中用、推陈出新，有鉴别地加以对待，有扬弃地予以继承，传承和升华中华优秀传统文化，发展中国特色社会主义文化，增强国家文化软实力。

　　浩浩历史长河，熊熊文明薪火，中华文化源远流长，滚滚黄河、滔滔长江，是最直接的源头，这两大文化浪涛经过千百年冲刷洗礼和不断交流、融合以及沉淀，最终形成了求同存异、兼收并蓄的辉煌灿烂的中华文明，也是世界上唯一绵延不绝而从没中断的古老文化，并始终充满了生机与活力。

　　中华文化曾是东方文化摇篮，也是推动世界文明不断前行的动力之一。早在500年前，中华文化的四大发明催生了欧洲文艺复兴运动和地理大发现。中国四大发明先后传到西方，对于促进西方工业社会的形成和发展，曾起到了重要作用。

中华文化的力量，已经深深熔铸到我们的生命力、创造力和凝聚力中，是我们民族的基因。中华民族的精神，也已深深植根于绵延数千年的优秀文化传统之中，是我们的精神家园。

总之，中华文化博大精深，是中国各族人民五千年来创造、传承下来的物质文明和精神文明的总和，其内容包罗万象，浩若星汉，具有很强的文化纵深，蕴含丰富宝藏。我们要实现中华文化伟大复兴，首先要站在传统文化前沿，薪火相传，一脉相承，弘扬和发展五千年来优秀的、光明的、先进的、科学的、文明的和自豪的文化现象，融合古今中外一切文化精华，构建具有中国特色的现代民族文化，向世界和未来展示中华民族的文化力量、文化价值、文化形态与文化风采。

为此，在有关专家指导下，我们收集整理了大量古今资料和最新研究成果，特别编撰了本套大型书系。主要包括独具特色的语言文字、浩如烟海的文化典籍、名扬世界的科技工艺、异彩纷呈的文学艺术、充满智慧的中国哲学、完备而深刻的伦理道德、古风古韵的建筑遗存、深具内涵的自然名胜、悠久传承的历史文明，还有各具特色又相互交融的地域文化和民族文化等，充分显示了中华民族的厚重文化底蕴和强大民族凝聚力，具有极强的系统性、广博性和规模性。

本套书系的特点是全景展现，纵横捭阖，内容采取讲故事的方式进行叙述，语言通俗，明白晓畅，图文并茂，形象直观，古风古韵，格调高雅，具有很强的可读性、欣赏性、知识性和延伸性，能够让广大读者全面接触和感受中国文化的丰富内涵，增强中华儿女民族自尊心和文化自豪感，并能很好继承和弘扬中国文化，创造未来中国特色的先进民族文化。

2014年4月18日

花苑庄阁——武灵丛台

水上明珠——九江烟水亭

书法圣地——绍兴兰亭

海右古亭——济南历下亭

园林建筑——西安沉香亭

天下第一亭——滁州醉翁亭

古彭之胜——徐州放鹤亭

蓬莱之岛——杭州湖心亭

城市山林——北京陶然亭

经典亭台——长沙爱晚亭

武灵丛台

丛台又称"武灵丛台"，是古城邯郸的象征，位于河北省邯郸市中心丛台公园内。武灵丛台始建于战国赵武灵王时期，也就是公元前325年至公元前299年，是赵王检阅军队与观赏歌舞之地。

颜师古《汉书注》记载，因楼榭台阁众多而"连聚非一"，故名"丛台"。台上原有天桥、雪洞、花苑、妆阁诸景，结构严谨，装饰美妙，曾名扬列国。

有诗"天桥雪洞奇观曾扬名华夏，花苑庄阁诸景曾流传后世"赞美丛台。

因胡服骑射而建丛台

战国时期赵国赵武灵王即位时，赵国正处在国势衰落时期，就连中山国那样的小国也经常来侵扰。而在和一些大国的战争中，赵国常吃败仗，眼看着就要被别国兼并，赵武灵王心里非常着急。

由于赵国地处北边，经常与林胡、楼烦、东胡等北方游牧民族接触。有一次，赵武灵王发现胡人在军事服饰方面有一些特别的长处。

武灵丛台远景

他们都身穿短衣、长裤，作战时骑在马上，动作十分灵活。开弓射箭，运用自如，往来奔跑，迅速敏捷。

而赵国军队虽然武器精良，但多为步兵和

兵车混合编制，加上官兵都身穿长袍，甲胄笨重，骑马很不方便。因此，在交战中常常处于不利地位。

有一天，赵武灵王对谋士楼缓说："北方游牧民族的骑兵来如飞鸟，去如绝弦，是快速反应部队，带着这样的部队驰骋疆场哪有不取胜的道理。我觉得咱们穿的服装，干活打仗，都不太方便，不如胡人短衣窄袖，脚穿皮靴子，行动方便灵活。我打算仿照胡人的风俗，把服装改一改，你看怎么样？"

■ 赵武灵王的军事改革——胡服骑射

谋士楼顺听后很赞成赵武灵王的话。为了富国强兵，赵武灵王提出"着胡服，习骑射"的主张，决心取胡人之长补中原之短。

可是由于胡服骑射不但是一个军事改革措施，同时也是一个国家移风易俗的改革，是一次对传统观念的更新，因此，在施行之初阻力很大，除了百姓接受有困难外，朝廷内的抵触情绪也很大。

公子成等人以"易古之道，逆人之心"为由，拒绝接受变法。

赵武灵王驳斥他们说："德才皆备的人做事都是根据实际情况而采取对策的，怎样有利于国家的昌盛

楼烦　古代北方部族名，精于骑射，是北狄的一支，在春秋之际建国。战国时期，列国间战争频仍，兼并之势越演越烈，楼烦国以其兵将强悍，善于骑射，始终立于不败之地，并对相邻的赵国构成极大威胁。至公元前127年，汉将卫青赶走楼烦王，在此置朔方郡。从此楼烦人消失在茫茫的草原中。

亭台情趣

迷人的典型精品古建

■ 武灵丛台前的丛台湖

门楼 城门上的楼，或者府邸门上的楼。是富贵的象征，所谓"门第等次"即为此意，故名门豪宅的门楼建筑特别考究。门楼顶部有挑檐式建筑，门楣上有双面砖雕，一般刻有"紫气东来""竹苞松茂"的匾额。有些豪门大宅在大门左右各放一对石狮子或一对石鼓，有驱祟保安之意。

就怎样去做。只要对富国强兵有利，何必拘泥于古人的旧法。"

赵武灵王抱着以胡制胡，将西北少数民族纳入赵国版图的决心，冲破守旧势力的阻拦，毅然发布了"胡服骑射"的政令。

赵武灵王号令全国着胡服，习骑射，并带头穿着胡服去会见群臣。胡服在赵国军队中装备齐全后，赵武灵王就开始训练将士，让他们学着胡人的样子，骑马射箭，转战疆场，并结合围猎活动进行实战演习。

公子成等人见赵武灵王动了真的，心里很不是滋味，就在下面散布谣言说："赵武灵王平素就看着我们不顺眼，这是故意做出来羞辱我们。"

赵武灵王听到后，召集满朝文武大臣，当着他们的面用箭将门楼上的枕木射穿，并严厉地说："有谁胆敢再说阻挠变法的话，我的箭就穿过他的胸膛！"

公子成等人面面相觑，从此再也不敢妄发议论了。在赵武灵王的亲自教习下，国民的生产能力和军事能力大大提高，在与北方民族及中原诸侯的抗争中起了很大的作用。

为了检阅军队，赵武灵王建造了丛台。在胡服骑射、勤练兵马的情况下，终于使赵国成为战国七雄之一。后来不但打败了经常侵扰赵国的中山国，还向北方开辟了上千里的疆域。

而为了检阅军队的丛台，同时也成了赵武灵王观赏歌舞之地。据历史记载，丛台上有天桥、雪洞、妆阁、花苑诸景，规模宏大，结构奇特，装缀美妙，名扬列国。

"丛台"名称的来历，是因为当时许多台子连接垒列而成。在历史经典《汉书》中记载："连聚非一，故名丛台。"古人曾用"天桥接汉若长虹，雪洞迷离如银海"的诗句，描绘了丛台的壮观。

至唐代，在丛台发生了一件极为感人的故事，那就是流传千古的"梅开二度"。

相传，山东济南府历城知县梅魁，在任十年，为官清正，"只吃民间一杯水，不要百姓半文钱"。

在他被晋升为吏部都给事以后，对奸相卢杞不仅不趋炎附势，而且敢于正面冲突。因而被奸相卢杞陷害，斩首西郊。卢杞还假借圣意，捉拿梅魁全家。

梅魁的儿子梅良玉和他母亲，只好弃家而逃，开

《汉书》 又称《前汉书》，由我国东汉时期的历史学家班固编撰。《汉书》是继《史记》之后我国古代又一部重要史书，与《史记》《后汉书》《三国志》并称为"前四史"。该书全书主要记述了上起公元前206年的西汉，下至公元23年新朝的王莽地皇年间，共230年的史事。

■ 邯郸武灵丛台顶上的据胜亭

■ 武灵丛台台顶建筑

知县　古代官名。秦汉时期县令为一县的主官。唐代佐官代理县令为知县事。宋代常派遣朝官为县的长官，管理一县行政，称"知县事"，简称"知县"，如当地驻有戍兵，并兼兵马都监或监押，兼管军事。元代县的主官改称县尹，明清时期以知县为一县的正式长官，正七品，俗称"七品芝麻官"。

始颠沛流离的生活。在朝为官的陈东初与梅魁结交甚密，终日寻梅魁之子不见。

陈东初有一个女儿，名为陈杏元。她种植一棵梅花树，时当花期，正喷香吐艳。忽一日，无缘无故，那梅花树的枝儿蔫了，花儿落了。

何故无风天雨花自残，陈杏元大惑不解。也在这一日，陈杏元的父亲差人送来一位书童。

这书童聪明伶俐，才貌超人，后来得知，他原是被奸臣残害的忠良知县梅魁之后，名叫梅良玉。原来，梅花自败是应在了他的身上。

这不禁使陈杏元内心里萌生了一种难以名状的感情。梅、陈两家是至交，两人从此以兄妹相称。

后来，陈冬初索性将杏元许配给良玉。这一消息后被奸相卢杞得知。此时，正值北邦沙陀国南侵，大唐难以抵挡，便决定由美人去和亲。

卢杞为拆散陈梅的姻缘，奏唐皇，封杏元为御妹，外嫁沙陀王，以解边关之患。

邯郸当时是边陲要塞，凡去北邦的人，都要登临丛台，与亲人告别。尚未完婚的陈杏元与梅良玉，也含泪来到丛台之上，杏元要梅兄每年清明时，面北背南哭她一声，并交给良玉一支金钗说："见钗如见杏元。"良玉则表示今生不再娶。

陈杏元泪别梅良玉，凄凄惨惨地走出国境，在路经一处悬崖时，杏元闭眼纵身跳下，她神话般地被一老妇人救走并收作义女。

真是无巧不成书，梅良玉自丛台与陈杏元离别后，改名穆荣来到老妇人家做了账房先生。亲人相遇，分外惊喜。

转眼，大比之年来临，良玉金榜题名。他奏唐皇，参倒奸相卢杞，为父申了冤。唐皇赐婚，让他与义妹陈杏元喜结良缘。

就在他俩完婚之日，杏元家那棵老梅树又二度重

和亲 又可称"和蕃"，是指皇帝将自己或宗室的女儿以和亲公主的身份嫁给藩属国或地位较低的番邦，以示两国友好，是政治婚姻。古代和亲政策始于汉高祖刘邦，和亲从此以后发展成为对外政策，和亲之举不绝于书。我国著名的和亲公主文成公主出嫁吐蕃，成功铸造了当时唐代与吐蕃友好关系。

■ 武灵丛台顶上的据胜亭建筑

开，而且艳丽无比，满院飘香。人们为了纪念此事，还写了一首诗：

> 簇簇梅花数丈高，
> 天赐尔露天下曹；
> 狂风难抵神威力，
> 二度梅花万古少。

在后来的明代，人们在梅良玉和陈杏元分别的地方建造了"据胜亭"，其意是在防御上据此者胜。据胜亭圆拱门门楣上有"夫妻南北，兄妹沾襟"八个大字，在丛台下还有汉白玉雕像，讲的就是"梅开二度"的故事。

阅读链接

丛台的"梅开二度"的故事在我国民间流传很广，在清代初年被编为章回小说《二度梅全传》。

这两个青年人的爱情故事交叉描绘，彼此辉映，构成了曲折复杂、引人入胜的故事情节，使整个作品变化多端，波澜起伏，不时陷入绝境，旋即绝处逢生，扣人心弦，感人肺腑，是一部可读性很强的小说。

后来京剧、豫剧、川剧、汉剧、湘剧等剧种都有这个剧目，尤其是"丛台别"一场戏，是剧中的重头戏。

扬名天下的丛台文化

　　丛台也成了文人墨客在邯郸游历的必经之地。历代名人学士来到丛台，游览怀古，留下了大量诗词笔墨，唐代大诗人李白、杜甫、白居易等，曾登楼远眺，成为古往今来的佳话。李白在丛台更是留下了"歌酣易水动，鼓震丛台倾"的名句。

■武灵丛台的美景

宋代诗人贺铸的《丛台歌》也非常有名，写道：

> 人生物数不相待，摧颓故址秋风前。
>
> 武灵旧垅今安在，秃树无阴困樵采。
>
> 玉箫金镜未销沉，几见耕夫到城卖。
>
> 君不见丛台全盛时，绮罗成市游春晖。

清代，丛台也引起了乾隆皇帝的兴趣。在1750年秋天，他登上丛台，亲笔写下七律《登丛台》：

> 传闻好事说丛台，
>
> 胜日登临霁景开。
>
> 丰岁人民多喜色，
>
> 高楼赋咏谢雄才。

■ 武灵丛台的拱门

还有一首七古《邯郸行》：

> 初过邯郸城，因做邯郸行，
>
> 邯郸古来佳丽地，征歌选舞
>
> 掐银筝。

这两首诗，前者歌颂赵武灵王的文治武功，描绘了丛台巍峨景象。后者表现邯郸的民俗风物，述说邯郸出美女、多丝蚕、善习武的特点。

丛台在后来漫长岁月中，经历了

■武灵丛台建筑

无数次的天灾人祸的破坏，存留下来的为后来重建的。其中1750年建行宫于台上。

存留下来的丛台高26米，南北皆有门。从南门拾级而上，东墙有"滏流东渐，紫气西来"八个大字。从北门沿着用砖和条石铺成的踏道，步步登高跨过门槛，迎门而立的碑刻，正面刻有清代乾隆皇帝《登丛台》的一首律诗，背面是他的七古《邯郸行》。

丛台的第一层是个院落。院内坐北朝南的亭屋叫"武灵馆"，西屋为"如意轩"，院中间有"回澜亭"，院内台壁上嵌有进士王韵泉和举人李少安分别画的"梅""兰"石碣。

丛台的二层坐北朝南的圆拱门门楣上，写有"武灵丛台"四个古体黑字。进圆拱门，是明嘉靖十三年始建亭于台上的据胜亭。

登上丛台极目远眺，西边的巍巍太行山层峦起伏，西南赵国都城遗址赵王城蜿蜒的城墙隐约可见，西北便是赵国的铸箭炉、梳妆楼和插箭岭的遗址。俯

七古 古诗的一种。每篇句数不拘，每句七字。七言古体诗的从文学风貌论，七古的典型风格是端正浑厚、庄重典雅，在明代文人吴讷编写的《文章辨体序说》认为"七言古诗贵乎句语浑雄，格调苍古"。

视台下，碧水清波，荷花飘香，垂柳倒影。

台西有湖，湖中有六角亭，名"望诸榭"。相传很早以前湖中有个小土丘，丘上有个小庙是早年间修建的乐毅庙。

乐毅是燕国"黄金台招贤"选中的大将。燕与齐两国有旧仇，此时齐又与秦争胜，诸侯都骇于齐愍王的骄暴，皆愿与燕联盟伐齐。于是燕昭王起兵，拜乐毅为上将军，赵惠文王也以相国印授乐毅。

乐毅于是并统赵、楚、韩、魏、燕五国之兵伐齐，在伐齐时，他一气攻下齐国70余座城池，几乎亡齐，后来燕国封乐毅为昌国君。

燕昭王的继任者燕惠王为太子时与乐毅即有矛盾，继位后疑忌乐毅，燕惠王听信齐国田单的反间计，召乐毅回燕都，阴谋杀害他。乐毅识破燕惠王的图谋，直回赵国，被赵王封为"望诸君"。

后来齐国名将田单与骑劫战，大破骑劫于即墨城下，追亡逐北，直迫于燕境，将被占领的齐城全部收复。燕惠王责备乐毅避亡到赵国，乐毅回致的《报遗燕惠王书》载于《史记》，成为历史名篇。

后来，后人为了纪念这位政治家、军事家的功绩，专门为他在丛台湖旁边修建了"望诸榭"。

012

亭台情趣

迷人的典型精品古建

阅读链接

丛台因为乾隆皇帝的题诗更加名声大噪。乾隆皇帝是清代第六位君主，他喜好旅游，不少名山大川、人文胜地都留下他的足迹。乾隆向慕风雅，喜书法，善诗文，每到一地，必亲笔书写，据说他一生所作诗文达1300余篇、40000余首。

1961年，著名历史学家郭沫若来到丛台，看到乾隆的题诗，不觉诗兴大发，提笔应和乾隆诗，写下七律："邯郸市内赵丛台，秋日登临曙色开；照黛妆楼遗废迹，射骑胡服思雄才。"如今，丛台公园门口悬挂的门匾，就是根据郭沫若的题字拼合而成的。

感人肺腑的丛台故事

丛台北侧有座七贤祠，是为纪念赵国的韩厥、程婴、公孙杵臼、蔺相如、廉颇、李牧和赵奢而建立的。

这"七君子"的动人事迹，在《史记》等史书里均有记载。

其中"三忠"为救赵氏孤儿舍身忘命的动人事迹最为有名，"三忠"分别指的是韩厥、程婴和公孙杵臼。

事情发生在春秋时期晋国。当时奸臣屠岸贾陷害忠诚正直的大夫赵盾，一夜之间，赵盾的儿子赵朔及其弟赵同、赵括、赵婴

■武灵丛台北侧的七贤祠

亭台情趣

迷人的典型精品古建

■ 七贤祠内的"程婴救孤"故事壁画

韩厥 生卒年不详，他是春秋中期晋国卿大夫，始为赵氏家臣，后位列八卿之一，至晋悼公时，升任晋国执政，战国时期韩国的先祖。他一生侍奉晋灵公、晋成公、晋景公、晋厉公、晋悼公五朝，是优秀而又稳健的政治家，公忠体国的贤臣，英勇善战的骁将。

齐等一族男女老幼共计300余人倒在血泊中。

仅有赵朔已有身孕的妻子庄姬，躲藏在宫中，因为是晋景公的姑姑，以公主的身份才得以幸免。

忠臣程婴深知赵家冤枉，以为庄姬公主医病为名，夜入深宫，待公主分娩后，将婴儿赵武藏在药箱内逃出宫门。守将韩厥见程婴一腔正义，十分敬仰，放走程婴和赵武。

屠岸贾追查不到赵氏孤儿的下落，气急败坏，宣布要把全国半岁以内的婴儿全部杀光。

为了保全赵氏孤儿和晋国所有无辜的婴儿，程婴与赵朔的门客公孙杵臼商议，用假相瞒骗屠岸贾。

程婴含泪采取了调包之计，献出自己亲生儿子代替赵氏孤儿赵武，假说公孙杵臼抚养，隐藏的程婴的亲生幼儿是赵氏孤儿，然后由程婴亲自去向屠岸贾告发。就这样，程婴眼睁睁地看着亲生儿子和好友公孙杵臼死在乱刀之下。

为了迷惑屠岸贾，公孙杵臼当着众人的面，大骂程婴忘恩负义，程婴也佯装气恼，骂公孙杵臼不识时务，自取灭亡。两个忠臣的表演让屠岸贾信以为真，赵武才得以生存下来。

程婴身负"忘恩负义、出卖朋友、残害忠良"的"骂名"，带着赵氏孤儿赵武来到了深山中隐居起来。他含辛茹苦，终于把赵武培养成一个顶天立地、文武双全的青年。在大将韩厥的帮助下，里应外合，灭掉了奸臣屠岸贾，赵氏冤情大白于天下。

救孤老臣程婴，认为心愿已了，遂自刎而死。赵武悲痛欲绝，为程婴服孝三年。

赵武广结善缘，广开言路，又几经升迁，他励精图治，苦心经营，在创立赵氏基业的同时，并最终建立了赵国。

后世为纪念韩厥、公孙杵臼、程婴，把他们供奉于邯郸丛台公园七贤祠的首位，从右向左依次是韩厥、公孙杵臼和程婴。

还有秉公执法的赵奢。在公元前271年，赵奢担任当时赵国管理朝廷税务的要职。赵国都城邯郸城

赵武 春秋时晋国卿大夫，政治家、外交家，为国鞠躬尽瘁的贤臣。其名称"赵武"，世人尊称其"赵孟"，史称"赵文子"，赵盾之孙，赵朔之子，晋成公外孙。春秋中期晋国六卿，赵氏宗主，赵氏复兴的奠基人，后升任正卿，执掌国政，力主和睦诸侯，终促成晋楚弭兵之盟。

015

花苑庄阁

武灵丛台

■ 邯郸七贤祠内的程婴塑像 生卒年不详，主要活动在晋景公时期。他是春秋时晋国义士。他用自己的孩子代替了赵氏孤儿，并背着卖友恶名，忍辱偷生，将赵氏孤儿养大成人，最终为赵氏家族洗清冤屈。程婴和公孙杵臼的事迹，被后世广为传诵，并且编成戏剧，出现在舞台上，甚至流传到海外异邦。他们那种舍己救人、矢志不渝的精神，一直为世人所钦敬。

里，赵王的弟弟平原君开了九家大型店铺，分别由其九个官家负责，这九个官家侍仗权势，偷税、逃税，暴力抗拒缴纳朝廷税款，

赵奢听闻此事，为了维护税法的尊严，冒着被杀、罢官的危险，依据当时的法律，果断地处死了这九个暴力抗税的管家。

这个举动可把平原君惹火了，气势汹汹地找赵奢算账，扬言要杀死赵奢不可。

赵奢镇定自如，据理力争："你是赵国国内受人敬重的权贵，如果任凭你家藐视税法，那么朝廷法律的力量就会被削弱。朝廷法律的力量被削弱了，那么朝廷的实力就会被削弱。朝廷的实力如果被削弱了，那么周边的其他国就会虎视眈眈，趁机侵犯我国，到时候，赵国没有了，你还有什么富贵荣华？以你平原君所处的地位，如果能奉公守法，上下才能团结一致，上下团结一致，朝廷才能强大，朝廷强大了，政权才能稳定。"

平原君被赵奢的这一番大义凛然的话给镇住了，知道如果杀了赵奢，那就是与国家为敌，就是亡国的举动。

廉颇 （前327—前243），山西太原人。战国末期赵国的名将，与白起、王翦、李牧并称"战国四大名将"。廉颇对国家赤胆忠心，不畏生死，对个人宽宏大度，心地纯净，以至于被后人誉为"德圣""武神""国栋"。

平原君顿时怒气全消，内心十分惭愧，悄悄地走了。赵奢看到平原君走了，也吓出一身冷汗，这是冒着生命危险的秉公执法、不徇私情。后来很快使赵国财务充实，国泰民安。赵国一跃成为春秋战国烽火年代的七雄之一。

另外，在赵国为官的蔺相如和廉颇也非常有名。

战国时候，赵王得到了楚国原先丢失的一块名贵宝玉，名叫"和氏璧"。这件事情让秦惠王知道了，他就派使者对赵王说，自己愿意用15座城池来换"和氏璧"。

赵王派蔺相如出使秦国。蔺相如只身携和氏璧，充当赵使入秦，并以他的大智大勇完璧归赵，取得了胜利。

这时，秦王欲与赵王在渑池会盟言和，赵王非常害怕，不愿前往。廉颇和蔺相如商量认为赵王应该前往，以显示赵国的坚强和赵王的果敢。

赵王与蔺相如同往，廉颇相送。

廉颇与赵王分别时说："大王这次行期不过30天，若30天不还，请立太子为王，以断绝秦国要挟赵国的希望。"

廉颇的大将风度与周密安排，为赵王大壮行色。再加上蔺相如渑池会上不卑不亢地与秦王周旋，毫不示弱地回击了秦王施展的种种手段，不仅为赵国挽回

■ 蔺相如（前329—前259），战国时期赵国上卿，是赵国宦官头目缪贤的家臣，著名的政治家、外交家。根据《史记·廉颇蔺相如列传》记载，他的生平最重要的事迹有"完璧归赵""渑池之会"与"负荆请罪"这三个事件。

亭台情趣

迷人的典型精品古建

■ 邯郸七贤祠内赵
国四贤事迹壁画

上卿 古代官名。
春秋时期，周朝
及诸侯国都有
卿，是高级长
官，分为上卿、
中卿和下卿。战
国时作为爵位的
称谓，一般授予
劳苦功高的大臣
或贵族。相当于
宰相的位置，并
且得到王侯、皇
帝的青睐。

了声誉，而且对秦王和群臣产生震慑。最终，赵王平安归来。

渑池之会后，赵王认为蔺相如功大，就拜他为上卿，职位比大将军廉颇高了。

廉颇很不服气，他对别人说："我廉颇攻无不克，战无不胜，立下许多大功。他蔺相如有什么能耐，就靠一张嘴，反而爬到我头上去了。我碰见他，得给他个下不了台！"

这话传到了蔺相如耳朵里，蔺相如就请病假不上朝，免得跟廉颇见面。

有一天，蔺相如坐车出去，远远看见廉颇骑着高头大马过来了，他赶紧叫车夫把车往回赶。蔺相如手下的人可看不顺眼了。他们说："蔺相如怕廉颇像老鼠见了猫似的，为什么要怕他呢！"

蔺相如对他们说："诸位，廉将军和秦惠王比，谁厉害？"

他们说："当然秦惠王厉害！"

蔺相如说："秦惠王我都不怕，会怕廉将军吗？大家知道，秦惠王不敢进攻我们赵国，就因为武有廉颇，文有蔺相如。如果我们俩闹不和，就会削弱赵国的力量，秦国必然乘机来打我们。我所以避着廉将军，为的是我们赵国啊！"

蔺相如的话传到了廉颇的耳朵里。廉颇静下心来想了想，觉得自己为了争一口气，就不顾国家的利益，真不应该。于是，他脱下战袍，背上荆条，到蔺相如门上请罪。

蔺相如见廉颇来负荆请罪，连忙出来迎接。从此两人结为刎颈之交，生死与共。

在丛台的七贤祠内还有一位赵国名将，那就是李牧。在赵惠文王时期，赵国北方的匈奴军事逐渐强大，常常在赵国边境抢掠，于是赵惠文王派李牧防御匈奴。李牧在边关采取积极防御策略，但从不迎战。

同时，他加紧训练兵士，提高边防军的战斗力。由于李牧数年不出战，匈奴认为李牧胆怯，赵王也对李牧不满，于是派人替换了李牧。

结果新将贸然出击，折损颇多。赵王只得再度任用李牧。李牧回到北方经营数年，边防军兵精马壮，已经有了很强的战斗力。

花苑庄阁

武灵丛台

邯郸七贤祠前的琉璃狮子

■邯郸七贤祠内的七贤塑像

李牧认为时机成熟，让百姓出城放牧，引匈奴来犯。于是匈奴大举进攻，却遭到李牧伏兵的左右夹击损失十万骑兵，大败而归。此后匈奴元气大伤，数十年不敢再度来犯赵境。

七贤祠入口是阁楼式建筑，敞开的朱红大门透露出祠内的庄严。祠堂门口还有两处铜色狮雕，祠内便是七贤的彩塑，一字排开，供人敬仰。这七贤是赵国的骄傲，也是邯郸的骄傲。

阅读链接

在七贤祠西面是碑林长廊，名曰"邯郸碑林"，长廊内有历代书法家碑刻数十方，艺术价值颇高。

其中"韩魏公墓志铭"碑是1973年由邯郸大名县万堤农场挖掘出来的，是我国已出土的唐代墓志铭中最大的一个。

该墓志铭为青石材质，方形，边长1.96米，厚0.53米。顶部镌有"唐故魏博节度使检校太尉兼中书令赠太师庐江何公墓志铭"篆文。四坡面为"四灵"浮雕，以及怪兽头像。

后来，邯郸人们在1993年为它建了六角亭，并加罩了玻璃对其进行保护。

九江烟水亭

　　烟水亭位于江西省九江长江南岸的甘棠湖中，相传为三国时名将周瑜的点将台故址。烟水亭是一座独特的我国建筑复式亭台。烟水亭建在甘棠湖中，湖面像一面明镜，烟水亭就像镜子上镶嵌的一颗明珠，光华夺目。

　　烟水亭是历代文人骚客宴游之地。亭内有风格各异的楹联匾额，或叙事绘景，或写意抒情，游亭观联，雅趣盎然，使烟水亭具有了深厚的文化内涵！

周瑜出征的点将台

　　相传，三国时期的东吴水军都督周瑜，曾经在甘棠湖中的小岛上进行过点将仪式。

　　在208年，曹操率领83万人马，离开许昌，浩荡南下，追赶刘备，准备一举拿下荆州，觊觎东吴。孙权封周瑜为大都督，命令他率领水军在甘棠湖中日夜操练，迎击曹军。

■ 烟水亭

■ 浸月亭

古时，甘棠湖与长江、鄱阳湖相通，水域宽阔，为东吴的一处水上要塞。当年，甘棠湖上战舰云集，雄师队列。

雄才大略的周瑜在此挥师点将，联合刘备，大败曹兵于赤壁，这就是历史上有名的"赤壁之战"。在我国古代军事史上，创造了以少胜多，以弱胜强的范例，因此，甘棠湖又称为"周瑜点将台"。

至唐代，江州司马白居易曾荡舟至此眺望湖光山色，感兴赋诗。北宋时期，理学家周敦颐见此岛状如月，遂名"浸月"。

后人在岛上建"浸月亭"，寓景于白居易《琵琶行》诗中"别时茫茫江浸月"的诗意，也寄托了后人对白居易、周敦颐两位贤人的怀念。

后来，周敦颐的儿子周寿从湖南来到江州为父守墓，见甘棠湖一带"山头不沟薄茏烟"，遂在湖堤建

周敦颐（1017—1073），北宋时期著名哲学家，是学术界公认的理学派开山鼻祖。周敦颐著有《周子全书》行世。周敦颐曾在莲花峰下开设濂溪书院，世称"濂溪先生"，濂溪书院是他讲学的讲坛，他的学说对以后理学的发展有很大的影响。周敦颐是把世界本源当作哲学问题进行系统讨论的鼻祖。

县令 古代官名。战国时期和秦代称县的行政长官为令。秦代商鞅变法后，合并诸多小乡为县，设置县令及职责。县令本直隶于国君，战国晚期，郡县两级制形成，县属于郡，县令成为郡守的下属。

一亭，名为"烟水亭"。

至明代，两亭俱废。1593年，九江关督黄腾春于浸月亭故址重建一亭，取名"烟水亭"，这就是存留下来的烟水亭了。

关于黄腾春建造烟水亭还有一个传说呢！

传说在1593年的一天，九江关督黄腾春，在游览甘棠湖后，回到家里。在晚上做了梦，梦见了吕洞宾教他为瞎眼的母亲治疗眼病，并将他母亲的病眼治好了。从此后，黄腾春的母亲真的重见了光明。

黄腾春感慨万千，在浸月亭原址上重建亭台，用来祭祀吕洞宾，并将新亭叫作"烟水亭"。

烟水亭建成后，因其宁静淡雅的景观和历史韵味吸引了无数文人骚客，他们在烟水亭游玩休憩之余，还写下了诸多的楹联、诗词名篇等。

清代德化县令罗广煦所写的楹联是：

■ 烟水亭的石桥全景

才识庐山真面目；
且将湖水洗心头。

■ 烟水亭上的石桥

还有清代九江关督唐英撰写的楹联。《九江府志》评价说："远慕高风，长课士烟水亭上。"
楹联写道：

道是当年旧烟月；
好将胜地记湖山。

清代九江府官吏杨曾尉也撰写过楹联：

公幻邯郸梦，我游烟水亭，谁真谁假；
剑拍东林云，鹤飞西江月，亦佛亦仙。

巡抚 古代官名。明清时期地方军政大员之一。又称"抚台"。巡视各地的军政、民政大臣。清代巡抚主管一省军政、民政。以"巡行天下，抚军按民"而名。巡抚初设，仅为督理税粮，总理河道，抚治流民，整饬边关，后遂偏重军事。

水上明珠
九江烟水亭

在旧题烟水亭上有一副楹联，脍炙人口，其中词语多有出入。撰联者为清代江西巡抚衙门僚属黄少白。楹联写道：

> 那堪吟白赋诗，琵琶人老，枫荻秋深，
> 叹几个迁谪飘零，相逢处且休说故里繁华，
> 他乡沦落；
> 此便是邯郸道，午梦初醒，黄粱久熟，
> 觉毕生功名富贵，霎时间都付与微茫烟水，
> 缥缈江波。

烟水亭经过历代增建，至1811年的清代，烟水亭已初具规模，成为九江的名胜了。后来，烟水亭又遭兵火，毁于战乱。至1862年至1874年的清代，有一

亭台情趣

迷人的典型精品古建

■烟水亭倒影景观

■ 烟水亭夜景

个叫古怀的和尚四处募捐钱物，再次重建，1874年以后，烟水亭才形成存留下来的规模。

重建后的烟水亭更加有名，不仅诗人前往游历，书画家等社会名流也前来烟水亭游玩，也留下了诸多作品，为烟水亭增色不少。清末书画家何云龙在来烟水亭游玩后写有楹联：

　　　　笑傲烟霞，神仙福分原非小；
　　　　交融水乳，文字因缘不厌多。

此联原有跋：

　　　　南浔铁路同仁，结新莲诗社，并于乙卯年七月七日假烟水亭成立，余谨题联志盛。

贡生 科举时代，挑选府、州、县生员中成绩或资格优异的人，然后升入京师的国子监读书，把这些人称为"贡生"。意谓以人才贡献给皇帝。明代有岁贡、选贡、恩贡和细贡。清代有恩贡、拔贡、副贡、岁贡、优贡和例贡。清代贡生别称为明经。

法号 佛教术语，指皈依佛教者所特取的名字。即出家众于剃度仪式举行过后，或在家众于皈依三宝、受戒时，或生前未皈依、受戒的在家人殁后于葬仪时，由师父授予的名号。

跋文 文体的一种。跋，指文章或书籍正文后面的短文。跋文，是指写在书籍或文章的后面，用于评介书中内容或说明写作经过的文章。

■烟水亭雪景

清代末期都昌廪贡生李乘时也曾游历过烟水亭，留下了墨宝：

> 晚上孤亭，影倒一湖烟水；
> 夜横高枕，声来九派风涛。

此联有跋：

> 光绪戊戌八月，偕易实甫，唐华斋，雷道人游此，次子庭毓由都门来，亦即兴焉。

李乘时曾读书白鹿洞中。跋文中所记易实甫、唐华斋均为当时社会名流。文中的雷道人，法号缁磷，为当时住亭长老。

1898年的清代九江人蔡公时也撰写了一楹联：

请看世局如棋，天演竞争，万国人情同剧里；
好向湖亭举烟，烟波浩渺，双峰剑影落樽前。

　　清代末期九江人京师大学堂监督刘廷琛，也曾在烟水亭留下楹联：

万态幻云烟，只有溯游鸥自在；
孤怀笑山水，几回清浅鹤归来。

　　此联署款为："岁在癸亥仲冬月邑人刘廷琛撰并书。"清代末期江西婺源人江湘岚对烟水亭也大加赞赏，写道：

凭栏看真面庐山，顾盼自雄，苍莽乾坤双剑颖；
把盏吊小乔夫婿，溯游宛在，迷茫烟水一亭秋。

亭 是我国传统建筑，多建于路旁，供行人休息、乘凉或观景用。亭一般为开敞性结构，没有围墙，顶部可分为六角、八角、圆形等多种形状。亭子在我国园林的意境中起到很重要的作用。亭的历史十分悠久，但古代最早的亭并不是供观赏用的建筑，而是用于防御的堡垒。

江湘岚是清代晚期著名学者，他的著作有《江峰青四种》传世。此联原有跋文：

　　余宰嘉善时耳闻烟水亭仍周郎点将台故址，今过九江，憩于亭上，遥想公瑾当年号令三军，千古之风流是为可觞，恰念好事者索题故为附引。

清代九江府官吏曾森溁撰写的楹：

　　谁真仙吏飞凫，丹篆犹存，想见逍遥对烟水；
　　我亦江州司马，青衫虽旧，未因沦落感琵琶。

清代末期住亭僧寒叶极擅长诗文，他对烟水亭写过如下楹联：

　　细念金经常听雨；
　　澹吟佳句且焚香。

■九江烟水亭内建筑

■九江烟水亭圆门

此联署款为："乙未孟秋月释寒叶撰郭友麟补书。"同样的清代住亭道人雷寄云撰写楹：

> 轩窗远渡云峰影；
> 几席平分月漾光。

烟水亭是历代文人墨客宴游之地。这些楹联，都为烟水亭添加了历史文化底蕴！

世外桃源的浸月岛

烟水亭位于甘棠湖上的浸月岛上。甘棠湖古名称为"景阳湖"，面积约80万平方米，平均水深1.4米，由庐山泉水汇聚而成。

甘棠湖在三国时期曾是东吴的水军基地，湖区内景色优美，杨柳依依，碧波荡漾，烟水亭在湖中好似一颗明珠。

烟水亭是我国罕有的风格独特的复式亭台，占地1789平方米。浸月岛上的建筑群分为左、中、右三部分。人们习惯上称岛上整个建筑为烟水亭，其实每座建筑各有名称。

烟水亭左为翠照轩、听雨轩、亦亭。右为浸月亭和船厅，中间依次是烟水亭、纯阳殿、五贤阁、观音阁，

烟水亭上的周瑜遗迹陈列馆

后有水阁幽房，前是新拜台。

这三组建筑既各具特色又相互联系。形式变化多样，风格协调统一。庭院、天井内花木扶疏、秀石玲珑，清新典雅，让人赏心悦目，是一座典型的江南水上园林。

烟水亭整体建筑布局不拘一格，呈不对称分布。在不对称的建筑风格中去追求和谐统一，是一座十分雅致的水上亭台。在船厅前悬挂的"烟水亭"三个大字，是清代德化县令张光裕书写的。

甘棠湖中，烟水亭楼台远离世俗红尘。走过九曲小桥，进入洞门，即到四周环水的烟水亭。在粉墙环抱、楼台高耸、绿树浓郁、湖平如镜的环境中，犹如到达世外桃源。

烟水亭为水榭式建筑，有船厅、翠照轩、境波楼和纯阳殿等。纯阳殿左壁嵌石碑一方，上刻有大草书"寿"字，传为吕洞宾手迹。

据府志记载，"八洞神仙"之一的吕洞宾，曾当

东吴 也称"孙吴"或"吴国"。是三国时期由孙权建立的政权。222年，曹魏封孙权为吴王，作为曹魏的藩国吴国始立。229年，孙权称帝，国号吴，改元黄龙，东吴也应始于此年。280年，亡于西晋。东吴的灭亡也标志着汉末以来割据局面的彻底结束，晋朝基本完成了统一。

■ 九江烟水亭石狮

亭台情趣

迷人的典型精品古建

古代官名。"刺"，检核问事的意思。刺史制度是古代重要的地方监察制度。刺史制度是维护皇权的有力手段，对于加强中央对地方的监督和控制，发挥了重要的作用。

郡守 郡的行政长官，始置于战国时期。战国时期各国在边地设郡，派官防守，官名为"守"。属于武职，后来逐渐成为地方行政长官。秦代统一后，每个郡都设置郡守，用来治理民政。汉景帝将郡守改称为太守。明清时则称为"知府"。

过浔阳县令，为九江人办过不少好事。纯阳殿中的吕洞宾塑像早已毁于兵祸，殿后留下一通相传吕道人亲书的"寿"字碑。

字体龙飞凤舞，形若游龙，气势磅礴，细观金字由"九转成丹"四字合成，体现了道家"炼丹""修仙"的思想，观之妙趣横生。据说这通似"寿"字碑，也寄寓了吕洞宾对九江百姓人寿年丰的美好祝愿。

纯阳殿内还有东林寺标记的砂钵。亭前方丈地，石雕围栏贴水而起，垂柳翠柏点缀其间。两边有石凿"藏剑匣"，相传因为庐山北双剑峰之刃直对九江市，于是人们凿石匣收藏，有纳峰藏剑之意。

据记载："九江常遭屠城和匪寇骚扰，按阴阳家之说，皆因郡城面对庐山双剑峰所致。"

早在宋代，郡守唐立方乃辟谯楼前地筑为两城，夹楼矗其上，谓之匣楼，说道："匣实藏剑。"后遭战火毁损。后来的石匣凿于1873年，为知县陈鼐扩建烟水亭时所凿刻而成。

从烟水亭向南眺望，在湖面波光粼粼、水岸交接的极远处，青黛色的山脉起伏迤逦，此即名闻中外的避暑胜地庐山。在烟水亭远眺，别有一番景色。

过去，烟水亭是本城民众祭祀先贤的香火之居。五贤阁内纪念的五位贤士和贤吏分别是东晋田园诗人陶渊明、唐代江州刺史李渤、唐代江州司马白居易、宋代理学大师周敦颐、明代理学大师王阳明。

立于亭前，遥望庐山，只见山如屏障，烟云缥缈，湖光山色尽收眼底。

在湖中有唐代江州刺史李渤筑的长堤，长堤上有宋代建筑的"思贤桥"，把甘棠湖一分为二。由此堤可登上高12米、六角三层的"映月楼"，举目眺望，绿波涟漪，彩霞映波，岸柳成荫，景色如画。

以前，到烟水亭游览是要坐船的，后来，为了方便游人欣赏烟水亭的美景，增建了九曲桥，将烟水亭与湖岸相连。

后来，又在亭前建起了周瑜点将台，"周瑜"又可在这里点将派兵了。烟水亭内还有"周瑜战迹陈列

陶渊明（365—427），宋代初期诗人、文学家、辞赋家、散文家。曾做过几年小官，后辞官回家，从此隐居，田园生活是陶渊明诗的主要题材，作品有《饮酒》《归园田居》《桃花源记》《五柳先生传》和《归去来兮辞》等。

■ 烟水亭的牌匾

■九江点将台

馆"，馆中介绍了周瑜的生平，正中一座3米多高的周瑜塑像，携书挎剑，再现了这位儒将的飒爽英姿。

西面的院子除了船厅，还有一个叫作"浸月亭"的小亭子被花草、秀石簇拥着，算是对昔日浸月亭的一种追念吧！

烟水亭所在的岛屿，楼阁掩映的每一处建筑，都是对古人的一种追念。这里的一处处殿阁檐牙交错、雀替相连，吸引着世人的目光。

阅读链接

在烟水亭，后来人们还曾在此举行过一次"周瑜点将"的仿古活动。

一声铳响，狼烟四起，一队队甲盔鲜明的东吴卫士，从牙旗猎猎的烟水亭内开出。紧接着八个身着汉服的侍女，手执宫灯，也从烟水亭中款款而出，直至走到拜台，分列两旁。

在拜台方亭的一侧，一面杏黄色的"周"字大旗，迎风招展，"水军都督"四个大红灯笼高悬两旁。周瑜头着纶巾，腰挎宝剑虎步登场，高唱："江东地广千里，兵精足用，英雄乐业，尚当横行天下，为汉家除残去秽……"

古老的浔阳城硝烟弥漫，金戈齐鸣，再现了当年周瑜点将，赤壁大战的历史画卷。

绍兴兰亭

兰亭是东晋著名书法家王羲之的寄居处，位于浙江绍兴西南的兰渚山下。

兰亭这一带崇山峻岭，茂林修竹，又有清流激湍，映带左右，是山阴路上的风景佳丽之处。

相传春秋时越王勾践曾在此植兰花，汉代时设驿亭，故名"兰亭"。

353年，东晋大书法家王羲之邀请了41位文人雅士在兰亭举行了曲水流觞的盛会，并写下了被誉为"天下第一行书"的《兰亭集序》，王羲之被尊为"书圣"，兰亭也因此成为书法圣地。

饮酒赋诗的兰亭集会

《兰亭集序》碑文

春秋时期，浙江绍兴兰渚山下有一条小溪，当时的越王勾践，为了麻痹吴王夫差相信他不再企图复国，他便屈身在这条小溪旁，开垦滩地种植兰花。

勾践的兰花种得很不错，兰花一开使得小溪两边花香飘飘，人们于是就叫这条小河为兰溪。后来，有人在兰溪边修了一座亭子，并取名叫兰亭。后来兰亭成了东晋大书法家王羲之的寄居处。

魏晋时，每年农历的三月初三，人们都要到水边嬉游，并且雅致地称为"上巳修禊"。这一天，

■ 绍兴兰亭风景

人们聚集水边举行祭祀仪式，用水洗涤污垢灾晦，以求祛除不祥。这个风俗起自汉代，到了晋朝以后逐渐演变成文人墨客踏青游春、饮酒赋诗的游戏。

353年，在会稽当太守的王羲之邀请朝廷官员谢安、谢万、孙绰等人及亲友41人，来到兰亭集会。

这天，王羲之一行在兰溪岸边，尽情地享受着惠风和畅的自然风光。一行人乘着雅兴，聚集在兰亭下的兰溪旁，目睹秀水青山，耳闻微澜轻风。他们围坐在弯弯曲曲的兰溪之畔，将盛有酒的觞置于水中，任其顺水漂流，酒杯漂到谁的面前，谁便要饮酒赋诗，作不出诗者罚酒三杯，以此为娱乐。

这样的活动被大家赋予了一个美丽的名字"曲水流觞"。后来，为了纪念"曲水流觞"这一活动而专门在兰亭旁修建了流觞亭。

酒杯被放入流水之中，第一个在名士曹华的面前停下了。曹华看着面前的酒杯，哈哈一笑，吟道：

修禊 源于古老的巫医传统，是我国古代的一种祭祀民俗，为的是驱除不祥，祈求大自然风调雨顺，不祥污秽之物事远离百姓，保证百姓的安康生活。后来演变成我国古代诗人雅聚的经典范式，其中以发生在东晋会稽山阴的兰亭修禊和清代扬州的虹桥修禊最为著名。

■兰亭内的石桥

　　愿与达人游，解结遨濠梁。

　　狂吟任所适，浪流无何乡。

　　曹华吟完后，顺手将酒杯向前一推，酒杯向不远处的名士曹茂之漂去。曹茂之看到酒杯向自己漂来，抬头看看朋友，抖抖衣袖吟道：

　　时来谁不怀，寄散山林间。

　　尚想方外宾，迢迢有余闲。

　　曹茂之吟完之后，笑着向周围人问道："可过否？"

　　"可过，可过。"在一片称赞声中，曹茂之将酒杯向水流中央推去。酒杯在水流的推动下，晃晃悠悠漂动着，来到了华茂与恒伟两位名士之间。华茂轻轻抖动手中短剑，将酒杯引到自己面前，对着恒伟歉意地说道："恒兄，小弟先来了。"随即吟道：

林荣其郁，浪激其隈。

泛泛轻觞，载欣载怀。

说完之后，华茂收回短剑，酒杯顺着水流漂到恒伟面前，华茂看向恒伟，说："恒兄，酒尚温。"

恒伟哈哈大笑，开口道："华兄，恐怕要让你失望了，听我的！"吟道：

主人虽无怀，应物贵有尚。

宣尼遨沂津，萧然心神王。

数子各言志，曾生发清唱。

今我欣斯游，愠情亦暂畅。

恒伟与华茂两人不远处，坐着另外一位才子，名叫孙绰。孙绰不甘落后，对两人说道："且将觞交与小弟。"

酒杯在流水中被恒伟轻轻一拨，飘地到孙绰面前。孙绰不等酒杯

■兰亭美景

亭台情趣

迷人的典型精品古建

■ 兰亭古镇里的映月桥

临近，看着王献之，口中吟道：

流风拂枉渚，停云荫九皋。

莺语吟修竹，游鳞戏澜涛。

携笔落云藻，微言剖纤毫。

时珍岂不甘，忘味在闻韶。

王献之（344—386），字子敬，小字官奴。曾官至吴兴太守、中书令，世称"王大令"。与其父并称"二王"，羲之称"大王"，献之称"小王"。书法众体皆精，尤以行草著名，敢于创新，不为其父所囿，为魏晋以来的今楷、今草做出了卓越贡献，被誉为"小圣"。

转瞬之间，酒杯划过孙绰面前，向王献之而去。王献之是王羲之的第七个儿子，此时年仅十岁，他看着忽忽悠悠飘过来的酒杯，心情变得慌乱起来，绞尽脑汁也无法作出诗词来。王献之在众人的笑声中抬头看着父亲，他发现父亲脸上也带着微笑。

王献之红着脸在众人的笑声中，被满满的罚酒三大杯。喝完之后，游戏重新开始。由王献之重新开局，酒杯再一次进入流水之中，缓缓向下游流去。

王家子弟纷纷献诗助兴，引得众人一阵羡慕，赞叹"琅琊王家"真是人才辈出。

酒杯漂出王家子弟范围，来到名士魏滂面前。魏滂看着酒杯刚刚漂过的地方，伸手将身边的酒杯端起，满饮一杯后抬头仰天吟道：

> 三春陶和气，万物齐一欢。
> 明后欣时丰，驾言映清澜。
> 亹亹德音畅，萧萧遗世难。
> 望岩愧脱屣，临川谢揭竿。

酒杯尚未离开，魏滂身边的郗昙也满饮一杯，开口吟道：

> 温风起东谷，和气振柔条。
> 端坐兴远想，薄言游近郊。

■ 兰亭内的王羲之颂彰碑

亭台情趣

迷人的典型精品古建

谢安 （320—385），字安石，生于陈郡阳夏，即今河南太康。东晋政治家、军事家，官至宰相。他成功挫败桓温篡位，并且作为东晋一方的总指挥面对前秦的侵略在淝水之战以八万兵力打败了号称百万的前秦军队，致使前秦一蹶不振，为东晋赢得几十年的安静和平。

■绍兴兰亭风光

此时，一位温文儒雅的男子手指两个犯规的同伴，嬉笑道："汝二人，犯规。罚汝等今日不可饮酒。"在众人大笑中，酒杯流到此人面前。郗昙看向此人，说道："谢安石可是有绝句。请讲便罢，何必打趣我等二人。"

谢安石就是东晋宰相谢安。谢安听到郗昙的话后开口吟道：

相与欣佳节，率尔同褰裳。
薄云罗阳景，微风翼轻航。
醇醑陶丹府，兀若游羲唐。
万殊混一理，安复觉彭殇。

接着，谢万、谢绎、徐丰之、虞说、庾友、庾蕴、袁峤之等名士也纷纷吟了诗，最后，大家把目光同时聚集在王羲之的身上，纷纷说道："逸少，今日诗赋尚缺一序，不如由你来作，如何？"

王羲之端起身边酒杯，满饮三杯而后站起身来，他在溪水旁边感受着河面上微风的吹拂，心中一阵激动，于是铺好纸张，提笔疾书，作了一序。

代谢鳞次，忽焉以周。欣此暮春，和气载柔。咏彼舞雩，异世同流。乃携齐契，散怀一丘。悠悠大象运，轮转无停际。陶化非吾因，去来非吾制。宗统竟安在，即顺理自泰。有心未能悟，适足缠利害。未若任所遇，逍遥良辰会。三春启群品，寄畅在所因。仰望碧天际，俯盘绿水滨。寥朗无厓观，寓目理自陈。大矣造化功，万殊莫不均。群籁虽参差，适我无非新。猗与二三子，莫匪齐所托。造真探玄根，涉世若过客。前识非所期，虚室是我宅，远想千载外。何必谢曩昔，相与无相与。形骸自脱落，鉴明去尘垢。止则鄙吝生，体之固未易。三觞解天刑，方寸无停主，矜伐将自平。虽无丝与竹，玄泉有清声。虽无啸与歌，咏言有余馨。取乐在一朝，寄之齐千龄。合散固其常，修短定无始。造新不暂

■兰亭内的御碑亭

■ 绍兴兰亭里的墨
华亭

停，一往不再起。于今为神奇，信宿同尘
滓。谁能无此慨，散之在推理。言立同不
朽，河清非所俟。

后来，王羲之将即兴之作加以整理修饰、润色，
完整地记述了聚会的盛况。也就是被后来唐代书法家
褚遂良评为"天下第一行书"的王羲之书法代表作
《兰亭集序》。

《兰亭集序》记述了他与当朝众多达官显贵、文
人墨客雅集兰亭、上巳修禊的壮观景象，抒发了他对
人之生死、修短随化的感叹。

崇山峻岭之下，茂林修竹之边，乘带酒意，挥毫
泼墨，为众人诗赋草成序文，文章清新优美，书法遒
健飘逸，被历代书界奉为极品。

宋代书法大家米芾称其为"中国行书第一帖"。
王羲之被尊为书圣，兰亭也因此成为书法圣地。可

行书 汉字字体
的一种。是在楷
书的基础上发展
起源的，介于楷
书、草书之间的
一种字体，是为
了弥补楷书的书
写速度太慢和草
书的难以辨认而
产生的。"行"
是"行走"的意
思，因此它不像
草书那样潦草，
也不像楷书那样
端正。

以说，兰亭之所以这么有名，也是跟《兰亭集序》分不开的。

王羲之被人们誉为"书圣"。他七岁开始学习书法，每天坐在池子边练字，送走黄昏，迎来黎明，不知用完了多少墨水，写烂了多少笔头。每天练完字他就兰亭旁的池水中洗笔，天长日久竟将一池水都洗成了墨色，这就是后来传说中的墨池。

王羲之爱鹅，因此，他在兰亭池边建了一座三角形的碑亭，碑亭旁立石碑一块，刻有"鹅池"二字。提起这块石碑，还有一个传说呢！

■绍兴兰亭"鹅池"碑

有一天，王羲之正在写"鹅池"二字。刚写完"鹅"字时，忽然有大臣拿着圣旨来到。王羲之只好停下来出去接旨。

在一旁看到父亲写字的王献之，看见父亲只写了一个"鹅"字，就顺手提笔一挥，接着写了一个"池"字。两个字是如此相似，如此和谐，一碑二字，父子合璧，成了千古佳话。

阅读链接

关于《兰亭集序》的下落还有另外一个说法。

在乾陵一带的民间传闻中，有《兰亭集序》早已经陪葬武则天一说。

因为据史书记载，《兰亭集序》在唐太宗遗诏里说是要枕在他脑袋下边。也就是说，这件宝贝应该在昭陵，也就是唐太宗的陵墓里。可是，五代耀州刺史温韬把昭陵盗了，但在他写的出土宝物清单上，却并没有《兰亭集序》。从而人们推测《兰亭集序》藏在乾陵，也就是武则天的陵墓里面。

唯美意境的兰亭建筑

兰亭因为东晋大书法家王羲之在此邀友雅集修禊于此而传名，享誉中外，其原址也因为自然灾害或周边建设问题而几经兴废变迁。

399年，会稽内史王羲之的次子王凝之把兰渚山下的兰亭移到了鉴湖中。他也曾经参加了父亲王羲之主持的兰亭聚会。

405年，东晋司空何无忌任会稽内史，把兰亭建到了会稽山巅上。

唐代，太宗崇王，诗人文士，慕名书圣，往访兰亭，使古址焕发生机。兰亭迎来了它又一个辉煌时代。

兰亭雅集中的即席赋诗，在王羲之举办时采用的是自由式，吟什么、怎么吟全由吟诗者自己决定。后来，大部分兰亭雅集都延续了这一做法。

■ 绍兴兰亭碑亭

■ 绍兴兰亭碑亭

但769年，唐代文士鲍防、严维、吕渭等35人聚会兰亭，则采用联句式，即每人吟诗一句，再由首唱者收结的做法赋诗，并传为佳话。

到了宋代，由于朝廷重视，在兰亭旧址附近先后修建了临池亭、王右军祠、王逸少书堂等建筑，使书法圣地更趋热闹。

1036年，越州加州堂大兰亭举行了修禊盛会，凭吊了书圣。北宋后期，兰亭又从会稽山北迁至会稽山中的天章寺。元代，在兰亭修禊处办了兰亭书院。1548年，绍兴知府沈启将兰亭从天章寺内移于石壁山下，重新修建了兰亭、墨池和鹅池。后又经过清代的重修，始具后来人们所见到的规模。

1661年至1722年，就在兰亭内增建了兰亭碑亭、御碑亭、临池十八缸、王右军祠等建筑。

自入口步入兰亭，穿过一条修篁夹道的石砌小径，迎面是一泓碧水，即为鹅池。鹅池池水清碧，数只白鹅嬉戏水面，池左旁是一座式样特别的石质三角

司空 古代官名。西周始置，位次三公，与六卿相当，与司马、司寇、司士、司徒并称"五官"，掌水利、营建之事，金文皆作司工。春秋战国时期沿置。汉代本无此官，成帝时改御史大夫为大司空，但职掌与周代的司空不同。

亭台情趣

迷人的典型精品古建

■ 绍兴兰亭内的流
觞亭

太守 原为战国时
代郡守的尊称。
西汉景帝时，郡
守改称为太守，
是一郡最高行政
长官。历代沿置
不改。到了南北
朝时，新增州渐
多。郡之辖境相
对缩小，郡守的
权被州刺史所
夺，州郡区别不
大，至隋初遂存
州废郡，以州刺
史代郡守之任。
此后太守不再是
正式官名，仅用
作刺史或知府的
别称。明清则专
称知府。

形鹅池碑亭。旁边的"鹅池"石碑的石头采自东湖，
碑高1.93米，宽0.86米，厚0.28米。

兰亭里面的流觞亭面阔三间，四面有围廊，上有
匾额"流觞亭"，这三个大字是清代江夏太守李树堂
题的，旁边对联：

此地似曾游，想当年列坐流觞未尝无我；
仙缘难逆料，问异日重来修禊能否逢君。

流觞亭内陈列着"兰亭修葺图"和"曲水流觞
图"。亭背面还另悬由后来清代湘潭人杨恩澍所书的
当年参加雅集盛事之一的一代文宗孙绰所作的《兰亭
后序》全文。流觞亭前是一条"之"字形的曲水，中
间有一块木化石，上面刻着"曲水流觞"四个字。

跨过鹅池上的三折石板桥，步入卵石铺成的竹荫

小径，迎面是兰亭碑亭。兰亭碑亭是兰亭的标志性建筑，被人们称为"小兰亭"。始建于1695年，亭呈四方形，背面临水。面积约27平方米，砖石结构，为单檐歇山顶建筑，显得古朴典雅。

碑上的"兰亭"两字，为康熙皇帝御笔所书。后来被人砸成四块，修复后，人们都喜欢用手去摸这通残碑，碑已被摸得非常光滑，所以又称"君民碑"。

小兰亭西侧为"乐池"，临池有一草亭，称"俯仰亭"。池中有竹排、小舟，池西有茶室供人休憩。

流觞亭北方有可视为兰亭中心之幽美的八角形"御碑亭"，建在高一层的石台上。亭中立一巨碑，正面刻有康熙临摹的《兰亭集序》全文，背面刻有乾隆帝亲笔诗文：《兰亭即事》七律诗。亭后有稍微高起的山冈，风景十分优美。祖孙两代皇帝同书一碑，所以又称"祖孙碑"。

歇山顶 歇山式屋顶，宋朝称九脊殿、曹殿或厦两头造，清朝改今称，又名九脊顶。为我国古建筑屋顶样式之一，在规格上仅次于庑殿顶。歇山顶共有九条屋脊，即一条正脊、四条垂脊和四条戗脊，因此又称九脊顶。由于其正脊两端到屋檐处中间折断了一次，分为垂脊和戗脊，好像"歇"了一歇，故名歇山顶。

051

书法圣地

绍兴兰亭

■ 绍兴兰亭内的俯仰亭

临池十八缸是由十八缸、习字坪、太字碑组成。这是根据"王献之十八缸临池学书，王羲之点大成太"这一典故而来。

相传王献之练了三缸水后就不想练了，认为已经写得很不错有些骄傲。

有一次他写了一些字拿去给父亲看，王羲之看后觉得写得还不好，特别是其中的一个"大"字，上紧下松，一撇一捺结构太松。于是随手点了一点，变成了"太"字，说"拿给你母亲去看吧！"

王羲之夫人看了后，说："吾儿练了三缸水，唯有一点像羲之。"

王献之听后非常惭愧，知道自己的差距，于是刻苦练习书法，练完了18缸水，长大后也成为著名的书法家。与王羲之并称"二王"。

祠堂 又称"宗祠"，是供奉祖先神主，进行祭祀的场所，被视为宗族的象征。宗庙制度产生于周代。后来宋代朱熹提倡建立家族祠堂。清代，祠堂已遍及全国城乡各个家族，祠堂是族权与神权交织的中心。

■ 绍兴兰亭内的御碑亭

■ 清代增建的临池
十八缸

　　流觞亭左边是王右军祠，是纪念王羲之的祠堂。王羲之当时任右将军、会稽内史，因此人们常称他为"王右军"。

　　王右军祠始建于1698年，总面积756平方米，飞檐回廊，古朴深沉。祠大门上端悬挂"王右军祠"木质匾额。最尽处是一大厅，中柱、边柱分别有联。步入大厅，上悬一"尽得风流"木匾。画像旁是沙孟海先生撰写的对联，写道：

　　　　毕生寄迹在山水
　　　　列坐放言无古今

　　大厅内左右两旁各置两块木质阴雕挂屏，内容为康熙皇帝所临《兰亭集序》。

　　1751年，乾隆皇帝还亲临兰亭，挥毫赋诗，使兰

挂屏　是贴在有框的木板上或镶嵌在镜框里供悬挂用的屏条。清初出现挂屏，多代替画轴悬挂在墙壁上，成为纯装饰性的品类。它一般成对或成套使用，如四扇一组称四扇屏，八扇一组称八扇屏，也有中间挂一中堂，两边各挂一扇对联的。这种陈设形式，雍、乾两朝更是风行一时，在宫廷中皇帝和后妃们的寝宫内，几乎处处可见。

王右军祠内景

亭受到我国古代最高的礼赞。

后来，人们在王右军祠内建了一座"墨华亭"。

兰亭本身就是非常宝贵的园林杰作，而且又是历史文化内涵非常丰富的地方。兰亭处处成景，处处幽雅，成为我国四大名亭之一。

只可惜在后来一次自然灾害中，兰亭内很多建筑被毁，但在国家有关部门组织力量对兰亭进行修复后，书法圣地得现往日风姿。

又一次修复后的兰亭，融秀美的山水风光，雅致的园林景观，独享的书坛盛名，丰厚的历史文化积淀于一体，以"景幽、事雅、文妙、书绝"四大特色而享誉海内外，是我国一处重要的名胜古迹，名列我国四大名亭之一。

阅读链接

兰亭之所以那么有名，和王羲之的《兰亭集序》是分不开的。《兰亭集序》具有极高的艺术价值，这不仅体现在它精妙绝伦的笔墨技巧和章法布白的完整性上，而且体现在与作者融为一体的文化与情感表达的深刻性上。

《兰亭集序》具备了书法作为艺术作品，从书家与书作、内容和形式的全部因素。在魏晋时期玄学和士人清议、品藻人物以及两汉时期儒家经学崩溃的思想文化背景下，作为"天下第一行书"的《兰亭集序》，彻底摆脱了几千年书法附庸于文字、服务于装饰的伪艺术地位，从而成为表现人格个性、诗意情怀以及人文价值选择的经典之作。

济南历下亭

历下亭巍立于山东济南大明湖中最大的湖中岛上，岛面积约4160平方米，整个岛上绿柳环合，花木扶疏，亭台轩廊错落有致，修竹芳卉点缀其间，为古时历城八景之一。

历下亭原名"客亭"，原位于济南五龙潭处，至唐代迁至大明湖，因其南临历山，既千佛山，故名"历下亭"，也称"古历亭"。后来，历下亭因唐代诗人杜甫登临而名扬天下，成为济南名亭之一，为闻名遐迩的海右古亭。

因诗而扬名的历下亭

北魏时期，在山东济南五龙潭处有一亭，称"客亭"，是官府为接迎宾客而建造的。后来，在745年，齐州司马李之芳将客亭迁至大明湖水域，改名"历下亭"。

恰这时，在齐鲁漫游的杜甫从兖州、泰山一带北上来到了济南。杜甫来到济南，立刻成了李之芳的嘉宾。

■ 大明湖上的历下亭

■济南历下亭大门

杜甫来到济南的消息不胫而走，很快传至北海，即后来的山东益都。时任北海太守的李邕坐不住了，连日赶往济南与杜甫会面。

李邕到达济南后，立时在历下亭设摆宴席，宴请了杜甫和李之芳。当时李邕68岁，早已名满天下。而杜甫此时才是个33岁的后生。

李邕、杜甫、李之芳在座，可能还有许多齐州的知名人士出来作陪。李邕与杜甫把酒长谈，论诗论史，也谈及了杜甫的祖父杜审言，这让杜甫十分感激。在这次欢宴中，杜甫即席赋《陪李北海宴历下亭》诗一首：

> 东藩驻皂盖，北渚凌清河。
> 海右此亭古，济南名士多。

司马 古代官名。殷商时期始置，与司徒、司空、司士、司寇并称为"五官"，主掌军政和军赋，春秋、战国沿置。汉武帝时置大司马，作为大将军的加号，后亦加于骠骑将军，后汉单独设置，皆开府。隋唐以后为兵部尚书的别称。

鲍叔牙（约前723—前644），也称"鲍叔""鲍子"。春秋时期齐国大夫，自青年时即与管仲结交，知管仲贤。公子小白继承君位之后，管仲被囚车运送回国。鲍叔牙推荐管仲当上了宰相，被时人誉为"管鲍之交""鲍子遗风"。

云山已发兴，玉佩仍当歌。

修竹不受暑，交流空涌波。

蕴真惬所遇，落日将如何。

贵贱俱物役，从公难重过。

诗中第一句叙述李邕驻临济南，设宴历下亭；第二句说明了历下亭古老历史。当时方位以西为右，以东为左，济南在大海之西，故称"海右"。

因济南有过鲍叔牙、邹衍、伏生、房玄龄等大批历史名人，又因当时在场的有济南士绅蹇处士等人，因此称赞名士多。

而接下来诗句描述的是亭内外景物和宴饮的情趣，以及对日落将席散，盛情难在的感慨。李杜宴饮赋诗历下亭使这海右古亭从此声名远扬，而"海右此亭古，济南名士多"一联，千百年来更成了济南的骄

■ 济南大明湖南门牌坊

傲。清代文人龚易图曾撰有一则名联：

■ 历下亭建筑群

> 李北海亦豪哉，杯酒相邀，顿教历下此
> 亭，千古入诗人歌咏；
> 杜少陵已往矣，湖山如旧，试问济南过
> 客，有谁继名士风流？

此联可以形容李邕、杜甫等人那次历下亭雅集的
诗风流韵。

至唐代末期，历下亭逐渐废圮。北宋时期又重建
历下亭，重建的历下亭位置在大明湖南岸州衙宅后。

之后历下亭又几经兴废变迁，在明代末期，历下
亭完全被毁了。但是从杜甫登临历下亭的那一刻起，
历下亭已由单纯的亭子变成了一个意蕴丰富的文化符
号，这也是历代文人如此看重历下亭的原因。

明代末期济南诗人刘敕《历下亭》写道："不见

邹衍 战国时期阴
阳家学派创始者
与代表人物，战
国末期齐国人。
主要学说是"五
德终始说"和
"大九州说"，
又是稷下学宫著
名学者，因他
"尽言天事"，
当时人们称他
"谈天衍"，又
称"邹子"。

喻成龙 汉军正蓝旗，奉天人。曾任安徽建德县知县，历池州府知府、江西临江府知府、山东按察使、布政使、太常寺卿、大理寺卿和刑部右侍郎。著有《塞上集》《九华山志》12卷、《西江草》1卷。

此亭当日古，却逢名士一时多。"概括出其中的深意。同样的明代诗人张鹤鸣在诗中也写道："海内名亭都不见，令人却忆少陵诗。"

这两首诗都显示出，历下亭虽然已经毁坏，但文人学士追忆昔日盛宴，遥想李、杜诗酒酬答，心中仍有难以泯灭的情结。

至1693年，山东盐运使李光祖和山东按察使喻成龙在大明湖中岛上重建历下亭。重建历下亭的工程刚刚竣工。清代著名小说家蒲松龄应山东按察使喻成龙的邀请来济南做客。

在喻成龙的盛情约请之下，蒲松龄作了《重建古历亭》一诗，诗中借古喻今，追忆了盛唐时期李邕、杜甫的历下亭盛会，表达了他对重建历下新亭的感慨。诗写道：

■ 蒲松龄故居里的雕像

大明湖上一徘徊，两岸垂杨荫绿苔。

大雅不随芳草没，新亭仍傍碧柳开。

雨余水涨双堤远，风起荷香四面来。

遥羡当年贤太守，少陵佳宴得追陪。

■ 大明湖湖心岛上
历下亭碑刻

至1694年，喻成龙授命任安徽巡抚，离开济南时，蒲松龄又作了《古历亭》诗相赠。蒲松龄抚今追昔，借用"白雪清风"和"青莲旧谱"之典故，对诗坛的振兴寄予了热切的厚望：

历亭湖水绕高城，胜地新开爽气生。

晓岸烟消孤殿出，夕阳霞照远波明。

谁知白雪清风渺，犹待青莲旧谱兴。

万事盛衰俱前数，百年佳迹两迁更。

蒲松龄（1640—1715），字留仙，一字剑臣，别号柳泉居士，世称聊斋先生，自称异史氏。生于山东省淄博市淄川区洪山镇蒲家庄。他创作的文言文短篇小说集《聊斋志异》，被世人称为"孤愤之书"，郭沫若评价说："写鬼写妖高人一等，刺贪刺虐入骨三分。"有人称蒲松龄是"世界短篇小说之王"。

赋 由楚辞衍化而来，是以"铺采摛文，体物写志"为手段，以"颂美"和"讽喻"为目的的一种有韵文体。它多用铺陈叙事的手法，赋必须押韵，这是赋区别于其他文体的一个主要特征。赋起于战国，盛于两汉。

新建的历下亭使蒲松龄振奋不已，赋诗言犹未尽，于是又以他那如椽的大笔洋洋洒洒写了千余言的长赋《古历亭赋》。该赋开篇一段写道：

> 任轩四望，俯瞰长渠；顺水一航，直通高殿。笼笼树色，近环薜荔之墙；泛泛溪津，遥接芙蓉之苑。入眄清冷，狎鸥与野鹭兼飞；聒耳哜嘈，禽语共蝉声相乱。金梭织绵，唉呷蒲藻之乡；桂揖张筵，客与芦荻之岸。蒹葭艳露，翠生波而将流；荷芰连天，香随风而不断。蝶迷春草，疑谢氏之池塘；竹荫花斋，类王家之庭院。

■ 大明湖竹韵桥

在这篇长赋中，蒲松龄对重建后的历下亭景色和

亭上观赏到的湖中美景作了逼真描绘，并追忆了历下
亭"再衰再盛"的历史，赞颂喻成龙、李兴祖修复历
下亭，重现了往日辉煌。

■ 大明湖湖心岛

历下亭名声越来越广，后来乾隆皇帝下江南的时
候，也来到了历下亭。

据说，济南最有名的历下亭酒还跟乾隆皇帝来历
下亭有着千丝万缕的关系。

传说，济南很早就有酿酒历史，因为济南泉水
好，所以酿的酒也十分香甜，可惜济南的佳酿一直也
没个响亮的名字。

有一次，清代乾隆皇帝下江南，途径济南，在历
下亭休息，济南府的大小官员都去觐见，并奉上没有
命名的济南佳酿。

皇帝饮后龙颜大悦，连声说："好酒好酒，赛过
皇家御品！"

乾隆皇帝询问官员："如此佳酿，叫何名字？"

众人不敢对答，因为这种酒还没有名字，可是大

江南 历史上江南是一个文教发达、美丽富庶的地区，它反映了古代人民对美好生活的向往，是人们心目中的世外桃源。从古至今"江南"一直是个不断变化、富有伸缩性的地域概念。江南，意为长江之南面。在古代，江南往往代表着繁荣发达的文化教育和美丽富庶的水乡景象，区域大致为长江中下游南岸的地区。

家也不敢告诉皇上这酒没名字，但是也不好胡乱编造名字糊弄皇上。于是只见一官员回禀："万岁，还请万岁给此酒赐名！"

于是，太监们备好笔墨，乾隆皇帝看亭题字，御笔亲题"历下亭"三个大字，从此这个酒便名为"历下亭"了，并且有诗为证：

> 飘香四溢泉城水，
> 皇家御品历下亭。

从此以后，历下亭便更是名扬天下。关于乾隆皇帝的游历下亭还有一个传说。

据说，当时历下亭周围景致非常美丽，湖中遍是荷花，芦苇，在这湖心小岛上品茗小憩，欣赏湖光水色有一种悠闲四溢的感觉。每到夏季，青蛙的鸣叫声不绝于耳，但是后来所有的青蛙都不叫了。

传说是因为当年乾隆来到岛上，听到青蛙的鸣叫声，心里特别烦躁，遂下圣旨让青蛙停止鸣叫，岛上青蛙似乎也畏惧龙言，从那以后再也不敢放肆鸣叫了。

亭台情趣

迷人的典型精品古建

阅读链接

据历史记载，在历下亭，李邕和杜甫还曾评论诗文，从"初唐四杰"谈至"文章四有"。

李邕佩服杨炯的诗文写得雄壮，不满意李峤的辞藻华美，称赞杜甫祖父杜审言的《和李大夫嗣真奉使存扶河东》声律和谐，气势不凡，是一首杰作。

对杜甫的才学和理想给予了赞誉，并大加鼓励。而杜甫对李邕的多才和耿直非常敬佩，两人通过交流友情更加深厚。因此他两人的事迹也传为佳话。

古韵犹存的名亭建筑

随着时间的推移，历下亭也渐渐破败了，至1859年云南布政使陈弼夫、云南藩司陈景亮和清代书法家何绍基一同再次重修了历下亭，这便是存留下来的历下亭了。

存留下来的历下亭位于大明湖中岛屿的中央，八柱蠹立，红柱青

■历下亭岛景致

瓦,斗拱承托,八角重檐,檐角飞翘,攒尖宝顶,亭脊饰有吻兽。亭身通透,亭下四周有木制坐栏,亭内有石雕莲花桌凳,以供游人休憩,二层檐下悬挂清代乾隆皇帝所书匾额"历下亭"红底金字。

亭西有厅堂面阔三间,绕以回廊,红柱青瓦,四面出厦,飞檐翘角。轩西为宽阔的湖面,若值晴空万里,则天蓝,水蓝,湖天一色,莹如碧玉,故名"蔚蓝轩"。

亭北有大厅五间,硬山出厦,花雕扇扉,称"名士轩"。名士轩是历代文人雅士宴集之地。"名士轩"三字匾额为清代末期书法家朱庆元书,轩前有楹联,写道:

杨柳春风万方极乐,
芙蕖秋月一片大明。

■ 大明湖历下亭西侧的蔚蓝轩

名士轩坐北朝南，五间房屋大小，屋顶匾额上的"名士轩"几个字却颇有讲究，仔细看来"名"和"士"两字分别多了一点。

■ 大明湖历下亭北侧的名士轩

这并不是笔误，而是1911年春朱庆元书写的时候故意为之，他是把美好的祝愿通过诙谐的书法表现出来，寓意是希望济南的名士多一点、再多一点。

轩内西壁嵌唐代天宝年间北海太守、大书法家李邕和大诗人杜甫的线描石刻画像，及自秦汉时期至清代末期祖籍济南的15位名士的石刻画像。

东壁嵌有清代诗人、书法家何绍基题写的《历下亭》诗碑，记述了他的好友陈弼夫重修历下亭的经过和他在山东看到的灾荒景况。

历下亭之南是大门，大门两侧是东西长廊。长廊东端是"临湖阁"，北墙嵌有1859年陈弼夫撰，何绍基书的《重修历下亭记》石碣。

何绍基（1799—1873），清代晚期诗人、画家、书法家。通经史。他的书法初学颜真卿，又融汉魏而自成一家，尤长草书。有《惜道味斋经说》《东洲草堂诗·文钞》《说文段注驳正》等留世。

长廊西端是"藕香品茗厅",面阔三间,飞檐出厦。大门楹联是杜甫诗句:

海右此亭古,

济南名士多,

此联为何绍基手书,何绍基是清代著名的书法家,名人诗句、名人书法,荟萃成联,与历下古亭相得益彰,平添明湖俊色。关于何绍基手书这副对联,还有一个故事。

据说何绍基晚年,已是才名卓著,并且他为人谦逊,只一点不好,就是嗜酒,谁知就因这嗜酒,招来难堪。

那天傍晚,何绍基与好友汇聚大明湖,一番游览,遂至历下亭欢宴。当时秋风轻拂,四面莲荷映月,说不尽的诗情画意。

佳境美酒,众人畅饮,何绍基不久就醉了,酒多失态,竟放言:"当今之世,若问诗家、书家,舍我其谁?"

■ 大明湖荷香茶社

■ 大明湖内的茶亭

好友们见何绍基醉了，便应道："何公文采飞扬，世人皆知，可谓不见古人。"

何绍基闻听大喜，起身离席，逐人而揖："承夸，承夸……"

谁知平白踩空，跌了个跟头，众人慌忙扶起何绍基，却见他腿不能立，显然伤得不轻。

何绍基回府后，逐渐清醒，从随从口中知自己酒后失言，真是惭愧万分，又因腿痛难忍，到了夜半方才睡着。在睡梦中，何绍基见到个一士子，头戴纶巾，自称杜甫，笑道："痛乎？"

接着又问："既见古人乎？"

何绍基大惊，猛然醒来，发现天已经亮了。他试着起身，竟然发现腿痛已经好了，好像不曾受伤一样。这时他又想起了昨夜的梦，大为诧异，暗想："昨日一跌，想是诗圣怪而警之。酒后失态，轻狂起祸，实乃自取其丑。"

纶巾 冠名。古代用青色丝带做的头巾。一说配有青色丝带的头巾。相传为三国时诸葛亮所创，又称"诸葛巾"。后被视作儒将的装束。明代王圻《三才图会·衣服·诸葛巾》记载：诸葛巾，此名纶巾，诸葛武侯尝服纶巾，执羽扇，指挥军事，正此巾也。因其人而名之。

石碑 把功绩勒于石土，以传后世的一种石刻。一般以文字为其主要部分，上有螭首，下有龟趺。大约在周代，碑便在宫廷和宗庙中出现，但此时的碑与后来的碑功能不同。此时宫廷中的碑是用来根据它在阳光中投下的影子位置变化推算时间的；宗庙中的碑则是作为拴系祭祀用的牲畜的石柱子。

何绍基懊悔不已，想起当年杜甫曾在历下亭作《陪李北海宴历下亭》诗，遂抽出"海右此亭古，济南名士多"句书丹成碑，命人精工嵌刻于历下亭亭前回廊。事后，何绍基亲自来到亭前焚香祭拜杜甫，并且把酒也戒了。

何绍基在历下亭书下杜甫的诗句后，感慨不已，留下一联：

山左称有古历亭，坐览一带幽燕之盛；
当今谁是名下士？不觉三叹感慨而兴。

在历下亭的门上悬有红底金字"海右古亭"匾一方。大门东侧有石碑横卧，上刻"历下亭"三字，是清代乾隆皇帝亲笔手书。

■ 大明湖美景

大门西侧有御碑亭，红柱青瓦，四方尖顶，与西游廊相连，亭内立有1748年乾隆皇帝撰书的《大明湖题》诗碑。

历下亭东南侧，有古柳一棵，枝干胸径1米多，均已枯朽，却又枯木重生，于枝干外皮处萌生嫩枝，迎风拂动，别有情趣。

整个历下亭岛，亭台轩廊，错落有致，修竹芳卉，点缀其间。夏日翠柳笼烟，碧波轻舟；秋日金风送爽，荷花飘香，吸引着无数文人

墨客登临，并留下笔墨。其中有一对联，写得十分优美：

> 有鹤松皆古；
>
> 无花地亦香。

这是一副姓名无考的对联，上联说历下亭鹤舞古松，环境古朴幽雅；下联说此地不需要以香花来增添芬芳，赞颂景色优美。

还有一副无名氏的长联，将历下亭写得如诗如画：

> 风雨送新凉，看一派柳浪竹烟，空翠染成摩诘画；
>
> 湖山开晚霁，爱十里红情绿意，泠香飞上浣花诗。

柳枝摇曳，翠竹含烟，雨幕中的景色多像王维的名画。而雨后的风光，红花更艳，绿树更绿，特别是在夕照中的历下亭好似五代诗人韦庄的诗一样动人。方萱年先生从动静两方面来写历下亭：

> 独上高楼，是山色湖光胜处；
>
> 谁家画舫，正清歌美酒良时。

作者独自登楼望远，千佛山山色、大明湖湖光，尽收眼底，这是静景。不知是谁坐船在湖中穿行，喝着美酒，听着清歌，呈现一幅流动的画面。联语高下相映，动静相对，将历下亭的美写得恰到好处。

历下亭中不仅对联美妙，还有许多诗词。清代著名诗人黄景仁在游历下亭后，写下了《游历下亭》：

> 城外青山城里湖，七桥风月一亭孤。
>
> 秋云拂镜荒蒲苇，水气销烟冷画图。
>
> 邕甫名游谁可继？颖杭胜迹未全输。
>
> 酒船只旁鸥边舣，携被重来兴有无？

无论是诗词还是对联，都为历下亭增色不少，使历下亭渐渐成为济南的一颗闪耀的明珠！

阅读链接

历下亭早在北魏时期地理学家郦道元来济南考察水系时，就曾被写道："其水北为大明湖，西即大明寺，寺东北两面侧湖，此水便成净池也。池上有客亭，左右楸桐负日，俯仰目对鱼鸟，极望水木明瑟，可谓濠梁之性，物我无违矣。"

文中的"客亭"便是指历下亭。后来，被郦道元称为"客亭"的无名小亭，因杜甫的登临而出名，成为一时名胜。

西安沉香亭

　　沉香亭位于陕西省西安碑林区和平门外咸宁西路北的兴庆宫内，为兴庆宫的标志建筑之一。

　　兴庆宫是唐玄宗时代的政治中心所在，也是他与爱妃杨玉环长期居住的地方，号称"南内"，为唐代长安"三内"之一。宫内除了沉香亭外，还建有兴庆殿、南熏殿、大同殿、勤政务本楼和花萼相辉楼等建筑物。

　　当时兴庆宫的沉香亭是用沉香木建成，所以称"沉香亭"。亭周围种植各色牡丹、芍药，唐玄宗李隆基和杨贵妃一年一度在此赏花，还在此召见过著名诗人李白，命他作诗咏牡丹花开，沉香亭也因此扬名。

春风扶槛的沉香亭

701年，武则天将长安外廓东城春明门北侧隆庆坊赐与其兄弟五人，当作他们的府邸，称"五王子宅"。

712年，李隆基登基。人们为避其名讳而将他曾经居住的长安城东

■西安兴庆宫内的沉香亭

门春明门内的隆庆坊改名"兴庆坊"。

　　714年，唐玄宗将其同父异母的四位兄弟府邸迁往兴庆坊以西、以北的邻坊，在兴庆坊建造了新宫，其后近40年间经三次大的扩建修葺。

　　新宫名讳隆为兴，称"兴庆宫"，因在大明宫之南，又称"南内"。宫城之内，以隔墙分为两部分，北部为宫殿区，有兴庆殿、大同殿、南薰阁等建筑。

　　728年对兴庆宫又进行了扩建，并且唐玄宗由大明宫移入此宫居住听政，这里逐渐成为开元、天宝时期的政治活动中心。

　　在这一年扩建兴庆宫时，在兴庆宫龙池旁建造了一座亭子，取名"沉香亭"。据说，此亭全部是用沉香木建成的，沉香木自古以来就是非常名贵的木料，也是工艺品最上乘的原材料。沉香亭之所以如此名贵，跟整个亭子都是用沉香木打造的是分不开的。

　　沉香亭是当年唐明皇和杨贵妃的御用之物。坐在亭子里，四周红、紫、淡红、纯白的牡丹花争妍斗

牡丹 我国特有的木本名贵花卉，是我国的国花，被拥戴为花中之王，素有"国色天香""花中之王"的美称。从古至今有关牡丹的文化和绘画作品都很丰富，形成丰富的牡丹文化学，是中华民族文化和民俗学的一组成部分，透过它，可洞察中华民族文化的特征。

奇，特别是那种能变色的珍奇品种，叫作"晨纯赤、午浓绿、夕黄"，普通人也许一辈子都不会见过。

当时，大唐国泰民安、四海升平，万方来朝，唐玄宗、杨贵妃常在兴庆宫内举行大型宫廷活动、文艺演出，因而在唐诗中留下无数佳作名句，李白那首脍炙人口的《清平调》便是起源于兴庆宫的沉香亭。

据说唐玄宗初年，唐玄宗带着杨贵妃在梨园弟子的侍奉下来到沉香亭赏花。

唐玄宗对李龟年说："赏名花，对艳妃，你们怎么演唱旧词？这样吧，你快召李白来写新词。"

李龟年赶到长安大街有名的酒楼寻觅，果然李白正和几个文人畅饮，已经喝得酩酊大醉。当李龟年向他传达圣旨时，他醉眼微睁，半理不睬地睡过去了。

圣旨是误不得的，李龟年只好叫随从把李白拖到马上，到了宫门前，又叫人扶持到唐玄宗面前。

唐玄宗见李白一醉如泥，看了看距离沉香亭不远

圣旨 是我国古代皇帝下的命令或发表的言论。圣旨是我国古代帝王权力的展示和象征，圣旨两端则有翻飞的银色巨龙作为标志。圣旨是作为历代帝王下达的文书命令及封赠有功官员或赐给爵位名号颁发的诰命或敕命，圣旨颜色越丰富，说明接受封赠的官员官衔越高。

的龙池南岸生长着一种紫色的小草，人们称它为"醒酒草"，如果有人喝醉了掐上一根小草让他闻一闻酒劲儿即时消散。

但是唐玄宗想了想，没有让李白醒酒，因为同样精于诗文的唐玄宗知道，醉中的诗人散发出的不仅仅是酒气，还有平时或多或少自抑着的才气。于是唐玄宗便让李白躺在了玉床上，没想到李白把脚伸向高力士，要他脱靴。

高力士无奈，只好憋着一肚子气蹲下来为他脱，忙乱一阵，李白才从醉梦中惊醒。

唐玄宗叫他快作诗助兴。李白微微一笑，拿起笔来，不到一炷香工夫，已经写成了《清平调》词三首。第一首写道：

云想衣裳花想客，
春风拂槛露华浓。
若非群玉山头见，
会向瑶台月下逢。

■雪后沉香亭景致

第二首写道：

> 一枝红艳露凝香，云雨巫山枉断肠。
> 借问汉宫谁得似？可怜飞燕倚新妆。

第三首写道：

> 名花倾国两相欢，长得君王带笑看。
> 解释春风无限恨，沉香亭北倚阑干。

这三首诗，把牡丹和杨贵妃交互在一起写，花即人，人即花，人面花光浑融一片。

唐玄宗览词后，赞叹不已，命李龟年按调而歌。后来，李白离开了长安，而他在沉香亭写的这首诗流传了下来。

阅读链接

李白在沉香亭赋诗的事情被创作成了画作，名为《太白醉酒图》。此图是清代画家苏六朋于1844年创作的名作，而沉香亭也因此而愈加被人所熟知。此图写李白醉酒于唐玄宗官殿之内，由内侍两人挽扶侍候的情景。

图中李白身穿白色朝袍，朱色靴、带、色调鲜明。内侍的服饰作皂帽、青杂色衣履，色调灰暗。以服装色彩明暗度的不同，烘托出李白高昂尊贵的气势。运思十分巧妙，多用方正之笔勾勒线条，设色富有层次。图中省略布景，人物造型准确，李白戴学士巾，五绺清须，面部用工笔描绘，层层晕色，表情活脱若生，眉宇间流露出高傲之态，十分传神。

风景宜人的古代名亭

沉香亭四周遍植牡丹，牡丹盛开之时，景色格外怡人，再加上龙池的水送来习习凉风，更是一个避暑的好地方。

所以，当时唐玄宗与杨贵妃经常在沉香亭宴乐，关于沉香亭所在的龙池，还有一个传说。

相传武则天执政的时候，长安城内隆庆坊居民王纯家里一口井突然向外冒水不止，很快在城中溢流成面积达数十顷的池泽，当时人们称之"隆庆池"。城中难得这一片水色天光的美景，王公贵族们纷纷在池岸修筑宅第。

■西岸兴庆宫南熏阁

唐玄宗李隆基五兄弟被武则天从洛阳接回长安后，就在隆庆池边修筑五王府居住。后来

唐中宗 (656—710)，名李显，唐代皇帝。他是唐高宗李治的第七子，武则天第三子。他前后两次当政，共在位五年。707年加尊号为应天神龙皇帝，谥号孝和大圣大昭孝皇帝，武后生四个儿子，唐中宗初封周王，后改封英王。其两位皇兄一死一废之后，李显被立为太子。

其他王子也纷纷迁来，建成了十六王府，湖滨水畔成了大唐王朝王子们的聚居区，然而这一洼池水却引来了一场政坛风波。

据史书《旧唐书》记载，当时有望气的术士对唐中宗说这片水泊腾起"龙气"，无疑触犯了皇帝的心头大忌。唐中宗于710年4月率文武百官以游览为名临幸隆庆池，在水面"结彩为楼船，令巨象踏之"。用大象践踏"龙气"，同时组织百官在上面赛龙舟镇压"龙气"。

看上去似一场君臣联欢的娱乐活动，却隐藏着唐中宗心中难言之隐的秘密。但是这里毕竟是皇城之内的侄皇子皇孙们的聚居区，唐中宗也不能做得太出格。"龙气"即起，大象践踏也没用。

时隔不过两个月，55岁的唐中宗便一命呜呼了。之后两年左右，住在隆庆池的五王子李隆基便登基

■ 兴庆宫沉香亭外面的石桥

做了皇帝。从此，我国步入了最繁荣鼎盛的大唐"开元""天宝"时期。

李隆基登基后，将"隆庆池"正式改名为"龙池"，以象征"龙兴之地"。池畔居住的王子们纷纷献出自己的宅第，唐玄宗在王府故居旧址上建起了花团锦簇的兴庆宫。

"龙池"本来就是城中一块秀丽迷人的湖泊，经过进一步在水边修建亭台楼阁，栽种的牡丹成片、绿树成荫、湖光塔影，成了著名的皇家园林。湖面荷花娇艳，画舫游弋。

湖畔的龙亭、沉香亭、花萼相辉楼、勤政务本楼等雕梁画栋的宏伟建筑，在红花绿树间掩映，倒映在"龙池"的水色天光中荡漾波影。

并且，关于兴庆宫"龙池"之畔诗歌佳话很多，

■ 兴庆宫内的"龙池"

画舫 舫是船的意思，画舫就是装饰华丽的小船。一般用于在水面上荡漾游玩、方便观赏水中及两岸的景观。有时候画舫也指仿照船的造型建在园林水面上的建筑物，做法与真正的画舫较为相似，但下部船体采用石料，所以像船而不能动，一般固定在比较开阔的岸边，也称不系舟。

亭台情趣

迷人的典型精品古建

■ 兴庆宫沉香亭正面景致

唐代的大诗人们在诗中多以"龙池"形成来象征"真龙天子"唐玄宗登基。

如唐玄宗时宰相姚崇在《龙池篇》写道：

恭闻帝里生灵沼，应报明君鼎业新；

即协翠泉光宝命，还符白水出真人。

此时舜海潜龙跃，此地尧河带马巡。

左拾遗 古代官名。古代朝廷设立友谏诤机构，任命了一批谏议大夫、拾遗、补阙、正言、司谏之类。杜甫就曾经当过左拾遗，左拾遗比右拾遗大一些。他们的工作就是发现皇帝的毛病，并进谏，官居七八品左右。

左拾遗蔡孚诗写道：

帝宅王家大道边，神马潜龙涌圣泉；

昔日昔时经此地，看来看去渐成川。

莫疑波上春云少，只为从龙直上天。

官居太府少卿的大诗人沈佺期诗中更是将龙池之"龙"用得如绕口令：

龙池跃龙龙已飞，龙德先天天不违。
池开天汉分黄道，龙向天门入紫微。

兵部侍郎裴漼写道：

乾坤启圣吐龙泉，泉水年年胜一年；
始看鱼跃方成海，即睹龙飞利在天！

就是因为这些诗词，龙池越加有名了，而建造在龙池北面的沉香亭，也越加被人口口相传。

后来，兴庆宫因为安史之乱而遭到严重破坏，沉香亭也未能幸免。自从兴庆宫失去了政治上的重要地位后，便成为安置太上皇玄宗之处。

宋代，兴庆宫成为春日游赏之地，元明两代还有不少文人在龙池泛舟赋诗唱和，在沉香亭休憩。

后来兴庆宫因战火被毁了，沉香亭也香消玉殒

沈佺期 （约656—约714），唐代诗人，善属文，尤擅长七言之作。他们的近体诗格律谨严精密，史论以为是律诗体制定型的代表诗人。明代人辑有《沈佺期集》。沈佺期代表作有《独不见》。《独不见》是一首较早出现的优秀七言律诗。

083

园林建筑
西安沉香亭

■沉香亭南面的"终南积翠"匾额

了，存留下来的沉香亭为后来重建的。

重建的沉香亭，系仿唐建筑风调，四角攒顶形式，上盖碧色琉璃瓦，下面朱柱挺立，雕梁画栋，刻门凿窗，剔透玲珑，金碧辉煌，极为壮丽，是园内最别致的一座亭子。

沉香亭正东挂有牌匾"沉香厅"三字，内敛劲道，正西同样是"沉香厅"三字匾额，潇洒张扬。正南挂的是"终南积翠"四字匾额。正北悬挂的是"平湖微水"匾。

登高置身亭上，不仅可领略碧波荡漾的龙池风光，还可远眺湖西花萼楼，湖北南薰阁和西山叠石。凭栏俯视亭下西南角的牡丹台，形似立体感的牡丹花型图案，上植各色牡丹，花开时节这里牡丹吐芬斗艳，游人如织，男男女女熙熙攘攘好不热闹。

也可以看到遍植红叶和苍松翠柏的北山秀色，风景幽静的长庆轩和绿林竹影的翠竹亭，以及高低起伏、步回路转的九曲桥等。

亭台情趣

迷人的典型精品古建

阅读链接

存留下来的沉香亭于1958年重建，并沿用唐兴庆宫故亭旧名。为了保护这一园林建筑，美化景点，西安市政府于1981年拨出专款，对部分亭顶屋面进行了整修。

这次整修中，还重新设计制作了郭沫若书写的"沉香亭"匾，匾上雕刻贴金，边饰雕刻有"二龙戏珠"和"双凤嬉牡丹"，极富民族特色。

滁州醉翁亭

醉翁亭坐落于安徽省滁州西南琅琊山麓，宋代大散文家欧阳修写的传世之作《醉翁亭记》写的就是此亭，是安徽省著名古迹之一。

醉翁亭小巧独特，具有江南亭台特色。它紧靠峻峭的山壁，飞檐凌空挑出，具有江南园林特色。

醉翁亭一带的建筑，布局紧凑别致，总面积虽不到1000平方米，却有九处互不相同的景致，人称"醉翁九景"。醉翁亭与北京陶然亭、长沙爱晚亭、杭州湖心亭并称为"中国四大名亭"。

饮酒醉心的醉翁亭

据传北宋年间，在安徽省琅琊山宝应寺的住持方丈叫智仙。他每天除了烧香拜佛，便在庙前摆三个茶水摊，向过路的樵夫、猎人供给茶水。这一带人们都称赞智仙方丈心地善良。

有一天，有位两鬓斑白的老人从此路过，喝了几杯茶后，便称赞起智仙方丈来了，并记得智仙方丈供应茶水，已经是九年九个月，外加九天了。

■安徽琅琊山山门

■ 安徽琅琊山上的
醉翁亭正门

　　这老人告诉智仙方丈，他每天都要上山砍柴，经常在一块秀丽的地方歇息，那里风景美，来往过路的人也很多，就是缺少一个茶摊。

　　智仙方丈一听，忙请老人领路，前去看看。两人到了那里，智仙一看，果然是个好地方，林木茂盛，泉水清澈，风景秀丽。智仙方丈决定在此设个茶摊。

　　两人正说话，忽然天色大变，下起了瓢泼大雨。老人叹口气说："要是在这里修个亭子就好了。"

　　老人本是顺口一说，没承想，智仙方丈却将此话记在心头。不几天，就在这里修了个亭子。亭子修好了，但始终起不出个好名字让两人都满意。时间一长，两人渐渐把给亭子起名字的事就给忘了。

　　后来，欧阳修到滁州当太守。他为官清正，体察民情，这里的百姓过着太平生活。他经常到琅琊山，与智仙方丈交往较深。

　　智仙方丈邀请欧阳修为亭子起个名字。欧阳修说："我来到滁州，能与民同乐，真使我心醉。我看

方丈　原为道教固有的称谓，佛教传入我国后借用这一俗称。佛寺住持的居处称为"方丈"，也称"堂头""正堂"。这是方丈一词的狭义。广义的方丈除指住持居处外，还包括其附属设施如寝室、茶堂、衣钵寮等。

■ 安徽琅琊山上的
醉翁亭

匾额 我国独特的
民俗文化精品，
古建筑的必然组
成部分，相当于
古建筑的眼睛。
它把古老文化流
传中的辞赋诗
文、书法篆刻、
建筑艺术融为一
体，集字、印、
雕、色的大成，
并且雕饰各种龙
凤、花卉、图案
花纹，有的镶嵌
珠玉，极尽华丽
之能事，是中华
文化园地中的一
朵奇葩。

就叫它'醉翁亭'吧！"

从那以后，欧阳修常同朋友到亭中游乐饮酒，欧
阳修善于饮酒，基本上来个朋友就找借口喝酒，一喝
就非得喝多了。天天喝酒喝得晕晕乎乎的，自己岁数
又最大，于是欧阳修自号"醉翁"，并写下传世之作
《醉翁亭记》。

《醉翁亭记》影响深远、千古传诵，醉翁亭也因
此而闻名遐迩，被誉为"天下第一亭"。欧阳修还为
此亭亲笔题写了"醉翁亭"匾额。

醉翁亭玉立于琅琊山林之中，灰瓦红木柱，别有
一番风致。由于木料易腐朽，所以建筑大师们就在木
材上涂漆和桐油，以保护木质，同时增加美观，使之
实用、坚固与美观相结合，所以醉翁亭的柱子都是大
红色，在山林中十分醒目。

此外醉翁亭的梁架等处还有绘制的彩画。亭下木

质阴影部分，用绿色的冷色，这样就更强调了阳光的温暖和阴影的阴凉，形成一种悦目的对比。这种色调在夏天使人产生一种清凉感。

醉翁亭采用木柱、木梁构成房屋的框架，屋顶与房檐的重量通过梁架传递到立柱上，这是我国传统建筑的特点，只用几根柱子撑起整个建筑，使其形成一种"亭亭玉立"的形象。

这种构件既有支承荷载梁架的作用，又有装饰作用；既有很好的实际功用，又可以使亭子在不同气候条件下，满足各种功能要求，比如通风，使其成为歇脚乘凉的好场地；还可以借景，坐在亭下，亭子周边的山林风光尽入眼中。

醉翁亭的屋顶如鸟翼伸展的檐角造型，使整个醉翁亭给人以轻巧欲飞之感。这种美在本质上是时间进程的流动美，在个体建筑物上表现出来，显出线的艺术特征，形成微翘的飞檐。

这种飞檐使本应沉重向下压的房顶，反而随着线的曲折，显出向上挺举的飞动轻快，宽厚的台基使整个醉翁亭体现出一种轻巧协调、舒适实用、节奏鲜明的感觉。

醉翁亭中后来立有欧阳修的塑像，其神态安详。亭旁有一巨石，上刻圆底篆体"醉翁亭"三个字。在亭前有九曲流觞，流水不腐。

离亭不远，有泉水从地下溢出，泉眼旁用石块砌成方池，水入池中，然后汇入山溪。水池一米见方，池深两尺左右。池上有清代知州王赐魁立的"让泉"两字碑刻。

让泉水温度终年变化不大，泉水"甘如醍醐，莹如玻璃"，所以

■ 醉翁亭旁的"醉翁亭"刻石

■琅琊山上的醉翁亭

又被称为"玻璃泉"。出亭西，有欧公手值的"欧梅"，千年古树高达10多米，枝头万梅竞放，树下落红护花。

醉翁亭亭后最高处有一高台，曰"玄帝宫"，登台环视，但见亭前群山涌翠，横叶眼底；亭后林涛起伏，飞传耳际，犹如置身画中。

欧阳修任滁州太守期间，还在醉翁亭不远处修建了丰乐亭。丰乐亭面对峰峦峡谷，傍倚涧水潺流，古木参天，山花遍地，风景十分佳丽。关于丰乐亭的兴建，欧阳修在《与韩忠献王书》中告诉友人：

偶得一泉于滁州城之西南丰山之谷中，水味甘冷，因爱

其山势回换，构小亭于泉侧。

文中称自己发现一眼泉水，泉水清冽，而且所在的丰山十分美，所以在泉的旁边建造了一个小亭子，将泉取名为"丰乐泉"，亭取名为"丰乐亭"。"丰乐亭"取"岁物丰成""与民同乐"之意。

并且，欧阳修为此还写下了《醉翁亭记》的姐妹篇《丰乐亭记》，还以《丰乐亭游春》一诗记载与民同乐之盛况。诗写道：

红树青山日欲斜，

长郊草色绿无涯。

游人不管春将老，

来往亭前踏落花。

丰乐亭亭前有山门，亭后有厅堂，还有九贤祠、保丰堂等，四周筑以围墙。丰乐亭内有苏东坡书刻的《丰乐亭记》石碑、吴道子画的《观自在菩萨》石雕像，保丰堂内有明滁州判官尹梦璧所作的《滁州十二景诗》碑刻，这些都是我国古代文化艺术的珍品。可惜，后来由于丰乐亭周边建设原因，使这里不能供人游览。

自从欧阳修写下《醉翁亭记》和《丰乐亭记》后，琅琊山声名日隆，文人墨客、达官显贵，纷纷前来探幽访古，题诗刻石。

北宋太常博士沈遵也慕名来到了醉翁亭，观赏之余，创作了琴曲《醉翁吟》，欧阳修亲为配词。

事隔数年之后，欧阳修和沈遵重逢，沈遵操琴弹《醉翁吟》，琴声勾起了欧公对当年在亭间游饮往事的追忆，欧阳修还作诗《赠沈遵》以赠。

阅读链接

关于醉翁亭的姊妹亭丰乐亭的建筑，还有一个小故事。

据说欧阳修在家中宴客，遣仆去醉翁亭前酿泉取水沏茶。不意仆在归途中跌倒，水尽流失，遂就近在丰山取来泉水。可是欧阳修一尝便知不是酿泉之水，仆从只好以实相告。

欧阳修当即偕客去丰山，见这里不但泉好，风景也美，于是在此疏泉筑池，辟地建亭。

醉翁亭建筑群盛景

　　醉翁亭初建时只有一座亭子，北宋末年，知州唐俗在其旁建同醉亭。在醉翁亭的北面有三间劈山而筑的瓦房，隐在绿树之中，肃穆典雅，这就是"二贤堂"，初建于1095年，这是为纪念欧阳修和王禹偁两位太守而建的。

■醉翁亭内的二贤堂

■ 欧阳修（1007—1072），喜欢以"庐陵欧阳修"自居。世称"欧阳文忠公"，北宋时期卓越的政治家、文学家和史学家。与韩愈、柳宗元、王安石、苏洵、苏轼、苏辙、曾巩合称"唐宋八大家"。后人又将其与韩愈、柳宗元和苏轼合称"千古文章四大家"。

所谓二贤者，欧阳修和王禹偁是也。欧阳修自不待言，王禹偁，宋初文学家，一生刚直敢言。滁州历史上曾属淮南国，欧、王两人都曾在滁州做过太守，故有此名句。

在二贤堂前有一副对联：

> 驻节淮南关心民瘼
> 留芳江表济世文章

原堂已毁，存留下来的二贤堂为后来重建。堂内有两联，一是：

> 谪往黄冈执周易焚香默坐岂消遣乎
> 贬来滁上辟丰山酌酒述文非独乐也

二是：

> 醒来欲少胸无累
> 醉后心闲梦亦清

王禹偁（954—1001），北宋时期白体诗人、散文家。为北宋时期诗文革新运动的先驱，文学韩愈、柳宗元，诗崇杜甫、白居易，多是反映社会现实，风格清新平易。词仅存一首，反映了作者积极入世的政治抱负，格调清新旷远，著有《小畜集》。

这两副对联既表达了人们对两任太守皆因关心国

■ 意在亭前的九曲流觞

事而被贬谪滁州的愤愤不平，又表达了他们对两位太守诗文教化与民同乐的精神的敬佩之情。

宋代末年，滁州人为了纪念欧阳修，特在琅琊山坡上修建一亭，亭为六柱六角，名曰"六一亭"。不过，原亭早毁，人们见到的是后来重建的。亭旁有摩崖1块，上刻隶书"六一亭"，系陆鹤题书。

明代，醉翁亭周围的建筑开始兴盛起来，当时房屋已建到"数百柱"，布局紧凑，亭台小巧，具有江南园林特色。有古梅亭、九曲流觞、意在亭、方池、宝宋斋、影香亭等。

古梅在醉翁亭院北，相传此梅是欧阳修所手植，世称"欧梅"。不过此梅早已枯死，后来人们看到的是明人补植的。

古梅虽经百年风霜雨雪，仍然枝茁叶茂，清香不绝。这株古梅品种稀有，花期不抢腊梅之先，也不与春梅争艳，独伴杏花开放，人们称为"古梅"。

1425年，南京太仆寺卿赵次进在古梅前凿石引水建造方池，池内因有泉眼，池水终年不涸。后来待御邵梅墩为了赏梅，在池中建造一亭，名"见梅亭"。

1535年，滁州判官张明道为观赏古梅花在古梅北又建

■ 醉翁亭北侧的古梅亭

了一座"梅瑞堂"，内有张榕瑞等咏梅诗碑刻两块。后来，有位书法家在堂后面的崖壁上题"古梅亭"篆刻一方，梅瑞堂也随之改名为"古梅亭"。

后来，人们还在古梅亭旁边建了览余台和怡亭，都是赏梅的好所在，并且由于角度不同，映入眼帘的梅姿也就各异。

1561年，滁州太仆寺少卿毛鹏建造了"皆春亭"。1603年，滁州知州卢洪夏在皆春亭四周凿石引水，仿照东晋书圣王羲之"兰亭集序"中的场景建造了"曲水流觞"，供人们戏水饮酒。

卢洪夏还重修了皆春亭，并将其改名为"意在亭"，取"醉翁之意不在酒，在乎山水之间也"之意。亭以四根栋木为柱，亭角飞檐，呈飞腾之状。还在亭两边对联题为：

酒洌泉香招客饮
山光水色入樽来

飞檐 我国传统建筑檐部形式之一，多指屋檐特别是屋角的檐部向上翘起，如飞举之势，常用在亭、台、楼、阁、宫殿或庙宇等建筑的屋顶转角处，四角翘伸，形如飞鸟展翅，轻盈活泼，所以也常被称为飞檐翘角。飞檐是我国建筑民族风格的重要表现之一，通过檐部上的这种特殊处理和创造，增添了建筑物向上的动感。

■ 醉翁亭西侧的宝
宋斋

亭台情趣

迷人的典型精品古建

吴道子（约680—759），唐代画家。画史界尊称其为吴生。又名道玄。初为民间画工，年轻时即有画名。以擅长绘画被召入宫廷，历任供奉、内教博士。曾随张旭、贺知章学习书法。擅长佛道、神鬼、人物、山水、楼阁等，尤精于佛道、人物，擅长壁画创作。

1622年，明代南太仆寺少卿冯若愚在醉翁亭西侧建造宝宋斋，也称"碑亭"。屋内立有苏轼手书《醉翁亭记》碑刻两块四面。斋东侧外檐下嵌有明冯若愚《宝宋斋记》和明代《重修醉翁亭记》碑。

《醉翁亭记》初刻于1041年，因其字小刻浅难以久传，又于1091年由欧阳修门生、北宋大诗人苏东坡改书大字重刻。

文章与书法相得益彰，后人称为"欧文苏字，珠联璧合"，视为宋代留下的稀世珍品，与琅琊寺中吴道子所画的《观自在菩萨》石雕像，同为难得的古代文化瑰宝。

明代崇祯年间，也就是1628年至1644年，滁人为了纪念明代南太仆寺少卿冯若愚及其子冯元飚修建"宝宋斋"保护了"欧文苏字"碑一事，特地为其建造了冯公祠。冯公祠为三间瓦平房，后损毁。人们见到的是后来在原址上重新修建的。

1685年，滁州知州王赐魁因坐在见梅亭中能看见亭北古梅的倒影，又能闻到梅花的香味，因以把此亭改名为"影香亭"。取宋代诗人林逋的《山园小梅》诗中"疏影横斜水清浅，暗香浮动月黄昏"句意。

影香亭从池外入亭内有小桥相连，小桥用条石铺架，人们可倚栏观池中古梅倒影，闻亭外古梅芳香。影香亭两边对联题为：

疏影横斜水清浅
暗香浮动月黄昏

清代，人们在醉翁亭院西侧建有"醒园"一处，平房七间，毁于战火。后来，人们在其废墟上建亭一座，竖立四块复制宝宋斋书苏轼手书的《醉翁亭记》碑刻。

太仆寺 古代官名，始置于春秋时期。秦汉时期沿袭，为九卿之一。掌皇帝的舆马和马政。王莽一度更名为"太御"，南北朝时期不常置。北齐始称"太仆寺卿"，历代沿置不革，清代废止。太仆寺最高长官为太仆寺卿，属官有太仆寺少卿两人、太仆寺丞四人、太仆寺员外郎、太仆寺主事、太仆寺主簿等。

■ 醉翁亭内的影香亭

醒园西侧的解醒阁

醒园西北角还一座有宫殿式建筑"解醒阁"。出醒园南门，有一亭，名为"洗心亭"。其四角坐地，一面背山，三面有门，门额为弧券形。亭内四方形，上顶半球形穹窿。

登上古梅亭内的览余台，可以瞭望六亭，即意在亭、影香亭、古梅亭、怡亭、碑亭、洗心亭以及两边"醒园"景色。俯瞰醉翁亭全景，小巧玲珑，曲折幽深，九院七亭，亭中有亭，亭水相映，松柏常青。

阅读链接

醉翁亭位于安徽省滁州西南琅琊山麓，琅琊山古称"摩陀岭"，相传西晋时琅琊王司马佩率兵伐吴驻跸于此，故后人改名为"琅琊山"。

琅琊山山不甚高，但清幽秀美，四季皆景。山中沟壑幽深，林木葱郁，花草遍野，鸟鸣不绝，琅琊榆亭亭如盖。

山中还有唐代建琅琊寺、宋代建醉翁亭和丰乐亭等古建筑群，以及唐宋时期以来摩崖碑刻几百处，其中唐代吴道子绘《观自在菩萨》石雕像和宋代苏东坡书《醉翁亭记》《丰乐亭记》碑刻，历代书法名家书写的《醉翁亭记》。碑刻与山中古道、古亭、古建筑相得益彰。

徐州放鹤亭

放鹤亭位于江苏省徐州云龙山之巅，为彭城隐士张天骥于1078年所建。张天骥自号"云龙山人"，苏轼任徐州知州时与其结为好友。

张天骥养了两只仙鹤，他每天清晨在此亭放飞仙鹤，亭因此而得名"放鹤亭"。

1078年秋，苏轼写了《放鹤亭记》，除描绘了云龙山变幻莫测的迷人景色外，还称赞了张天骥的隐居生活，塑造了一个超凡出群的隐士形象，而云龙山和放鹤亭也因此闻名于世。

隐士多情怀的放鹤亭

云龙山石碑

放鹤亭位于江苏省徐州云龙山之巅，为彭城隐士张天骥所建。张天骥是北宋人，自号云龙山人，又称"张山人"，满腹才华，却不愿意做官，醉心于道家修身养性之术，隐居徐州云龙山西麓黄茅冈，以躬耕自资，奉养父母。

张天骥养了两只鹤，天天以训鹤为事。1078年，张天骥在云龙山顶建一亭，他每天清晨在此亭放飞仙鹤，亭因此而得名"放鹤亭"。

苏轼早年曾受道家思想熏陶。他从小在家乡四川眉山县跟着眉山天庆观北极院道士张易简学习过三年。成年之后，道、佛、儒三家思想对苏轼几乎有同样的吸引力。

苏轼仕途坎坷，政治上屡遭挫折，更助长了他放达旷逸的性格。因此，他与张天骥感情十分融洽。苏轼在徐州写的大量诗歌中，张天骥的名字频频出现。

1078年秋，苏轼为张天骥写了《放鹤亭记》，除描绘了云龙山变幻莫测的迷人景色外，还称赞了张天骥的隐居生活，塑造了一个超凡出群的隐士形象，而云龙山和放鹤亭也因此闻名于世。

■ 彭城放鹤亭

并且，《放鹤亭记》作于苏轼在徐州时，主要描写与张天骥游宴之乐，并通过引古证今，歌颂隐逸者的乐趣，寄寓自己政治失意时向往清远闲放的情怀。

文章写景，却特征突出；叙事简明，却清晰有致，引用典故能切中时弊，用活泼的对答歌咏方式抒情达意，显得轻松自由，读来饶有兴味。

其中，《放鹤亭记》中第三段最为有名，写道：

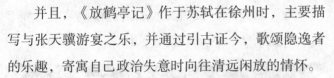

山人忻然而笑曰："有是哉！"乃作放鹤、招鹤之歌曰："鹤飞去兮西山之缺，高翔而下览兮，择所适。翻然敛翼，宛将集

典故 原指旧制、旧例，也是汉代掌管礼乐制度等史实者的官名。后来一种常见的意义是指关于历史人物、典章制度等的故事或传说。典故这个名称，由来已久。最早可追溯到汉朝，《后汉书·东平宪王苍传》中记载："亲屈至尊，降礼下臣，每赐宴见，辄兴席改容，中宫亲拜，事过典故。"

彭城"放鹤亭记"石刻

隐士 就是隐居不仕之士。首先是"士",即知识分子。不仕,不出名,终身在乡村为农民,或遁迹江湖经商,或居于岩穴砍柴。历代都有无数隐居的人,他们才华横溢颇负盛名,却因为种种原因无意仕途归隐山野。即使有朝廷的诏令,也有很多贤者对此无动于衷,而这些隐士在我国的历史上都留下美名。陶渊明就是最著名的一位。

兮,忽何所见,矫然而复击。独终日于涧谷之间兮,啄苍苔而履白石。鹤归来兮,东山之阴。其下有人兮,黄冠草屦,葛衣而鼓琴。躬耕而食兮,其余以汝饱。归来归来兮,西山不可以久留。"

第三段叙述隐者和国君在生活情趣上迥然不同。隐士不但可以养鹤,甚至纵酒,还可以传名,国君却不然。这篇文章,妙在气势纵横,自然清畅,完全是作者性情的流露。

放鹤亭并不算是名胜,却因这篇文章的关系,也同时流传下来。

鹤,乃古代贤士也。古有北宋隐逸诗人林逋"梅妻鹤子"之美谈,再有张天骥隐居之不仕之名。放鹤的实际意思是比喻招贤纳士。

在苏轼笔下,张山人的形象是被做了艺术加工的,苏轼借这一形象寄寓自己追求隐逸生活的理想。

在《放鹤亭记》最后的"放鹤"和"招鹤"两歌中，这一点表现得相当清楚。

张天骥是这样超凡拔俗，飘飘欲仙，有如野鹤闲云，过着比"南面而君"逍遥自在的快活日子。

这正是苏轼在《放鹤亭记》全文中所要表达的主题思想。这"放鹤""招鹤"两歌音韵和谐，抒情婉转，为全文增添光彩，因而千古传诵。因之，云龙山上既有放鹤亭，又有招鹤亭。

后来，苏轼常常带着宾客和僚吏到放鹤亭来饮酒。张天骥"提壶劝酒"，也"惯作酒伴"，苏轼屡次大醉而归。苏轼在诗中描述了这种情景：

万木锁云龙，天留于戴公。路迷山向背，人在滇西东。荞麦余春雪，樱桃落晚风。入城都不记，归路醉眼中。

这首诗不仅是苏轼在张天骥这里畅表心情的自白，也是在放鹤亭中看到的云龙山美妙景色的写照。

至明代，因为放鹤亭的名声日益增大，有很多文人雅士都对放鹤亭进行了赞美。

■ 放鹤亭前的"招鹤歌"碑刻

林逋（967—1028），他刻苦好学，通晓经史百家。性孤高自好，喜恬淡，勿趋荣利，后隐居杭州西湖，结庐孤山。常驾小舟遍游西湖诸寺庙，与高僧诗友相往还。每逢客至，叫门童子纵鹤放飞，林逋见鹤必棹舟归来。作诗随就随弃，从不留存。宋仁宗赐谥"和靖先生"。

明代的进士乔宇写过《放鹤亭》一诗，诗写道：

> 川原雨过烟花绕，
>
> 殿阁风回竹树凉。
>
> 笑指云龙山下路，
>
> 放歌无措醉华觞。

明代的另一位进士许成名，也写过一首关于《放鹤亭》的诗：

> 黄茅人去冈犹在，
>
> 白鹤亭空事已遥。
>
> 我欲凌风登绝顶，
>
> 平林漠漠草萧萧。

放鹤亭正是因为经过诸多诗人、画家的游历，再加上他们所留下的墨宝，而变得越加有名了！

阅读链接

放鹤亭的建造者张天骥38岁时还尚未娶妻。苏轼愿为张山人做媒，替他找个合适女子，但张山人婉辞谢绝。

张天骥表示要坚持"不如学养生，一气服千息"的道家独身生活。就这样张天骥便在放鹤亭一直过着"梅妻鹤子"的生活。由此，也可见张山人醉心于"修真养性"之术。

苏轼和张天骥的友谊保持很久，十二年后，也就是1089年，苏轼任杭州太守时，张天骥还不远千里到杭州去看望他。苏轼热情款待这位老友住了十天，才赠诗话别。

放鹤亭的迁建历史

在明代，放鹤亭屡坍屡修，存留下来的放鹤亭位于云龙山顶。但是据资料显示，张天骥所建的放鹤亭原是在云龙山脚下。苏轼在《放

■云龙山放鹤亭匾额

张天骥故址

鹤亭记》中写道：

> 熙宁十年秋，彭城大水，云龙山人张君之草堂，水及
> 其半扉。明年春，水落、迁于故居之东，东山之麓。升高而
> 望，得异境焉，作亭于其上。

这几句话告诉我们张天骥居处遭水患，大水之后，张氏新草堂建
成，并建造了亭子，而这个亭子就是放鹤亭了。并且在张天骥的新草
堂建成后，苏轼再去拜访，又有诗写道：

> 鱼龙随水落，猿鹤喜君还。
> 旧隐丘墟外，新堂紫翠间。

作者自注："张故居为大水所坏，新卜此室故居之东。"可见张
天骥故居原在村外地势较低处，故而洪水暴涨，才会"水及其半扉，
摧而坏之"。

并且文中说道，张天骥故居是在山麓，麓，是山脚的意思，也就
是说张天骥的草堂原来是在山脚下的，后来迁到了紫翠间。

但是紫翠间也并不是山顶，在苏轼《送蜀人张师厚赴殿试二首》写道："云龙山下试春衣，放鹤亭前送落晖。"可见最初张天骥故居所建的放鹤亭并不在山顶上，而是在云龙山下。

清代初期魏裔介《云龙山》诗也明确指出："云龙山下茅亭址。"并且关于放鹤亭的具体位置，同样的北宋词人贺铸在《庆湖遗老诗集》卷2的《游云龙张山人居·序》中说得非常明白：

> 云龙山距彭城郭南三里，郡人张天骥圣途筑亭于西麓。元丰初，郡守眉山苏公屡登，燕于此亭下。畜二鹤，因以放鹤名亭，复为之记。亭下有小屋，曰苏斋，壁间榜眉山所留二诗及画大枯株，亦公醉笔也。亭上一径至山腹，有石如磬治者，公复题三十许字，记戊午仲冬雪后与二三子携惠山泉烹凤团此岩下，张即镌之。

这些都表明，张天骥所建的放鹤亭是位于云龙山脚下的。大致是在明代，放鹤亭迁建到山巅。

据明代地方志《徐州志》记载："唐昭宗时，朱全忠遣子友裕，败徐州节度使时溥军于石佛山前，即此有兴化寺。有井去地七百余尺，或云泉可愈疾，积久堙塞。成化间，太监高瑛淘之泉出，今复堙。"

并且，在1487年的《重修石佛寺碑》记载："有井在山顶，弃而不食者累年，发其瓦砾，甘美如初。"

可见在1487年，还没有"饮鹤

云龙山上的饮鹤泉

泉"这个名称。但是至明代嘉靖年间，放鹤亭已经建在山巅最高处了。在1547年，状元李春芳有绝句二首：

> 归来正及李花时，为访仙踪去马迟。
> 更上龙岗最高处，五运霏霭凤凰池。

> 放鹤亭前水泠泠，放鹤亭上云晶晶。
> 千古水云常自在，红尘扰扰笑浮生。

从诗中可见，这时放鹤亭和饮鹤泉都已齐备了。所以推测，放鹤亭是在明代移至山顶的。

并且在后来清代乾隆时期，乾隆皇帝多次驻跸在云龙山下行宫，屡登云龙山，还兴致勃勃地为放鹤亭、饮鹤泉等题字留诗。

也正是因为乾隆皇帝的认可，云龙山顶的放鹤亭更加被世人所接受，放鹤亭的美名也由此传扬开来。

阅读链接

据说徐州苏轼研究会理事李世明先生处保存的《吴友如真迹人物画谱》中，有一幅落款1893年的《放鹤亭图》。

据说在这幅画中放鹤亭是一间多级斗拱的亭子，屹立在峻岭之间。张山人依在栏杆上，两只鹤已经放出，翱翔远飞，亭边有一童子作欢呼状。画中题款是："山人有二鹤，甚驯而善飞。光绪癸巳小春月上浣写于海上飞影阁，友如。"

吴友如是苏州吴县人，一生在上海作画，他主办的《点石斋画报》闻名遐迩。他曾经被邀赴京为宫廷作画，可能在来往途中路过徐州，踏访过云龙山"放鹤亭"，这幅画是他依据苏轼和贺铸等诗作意境发挥艺术想象的创作。

古老建筑的文化底蕴

存留下来的放鹤亭位于云龙山顶的院落中，院门前标注"张山人故居"，在院落里有一座双檐建筑，注名"放鹤亭"三字。

在放鹤亭西侧，为饮鹤泉，饮鹤泉原名石佛井，旧方志记载："饮鹤泉一名石佛井，深七丈余。"后来人们为其凿作一井，四方环绕石栏，颇为美观，取名"饮鹤泉"。

此井为穿凿岩石而成，根据文献可知，饮鹤泉井深将近26米，并且据推测此井与山上北魏石佛系同一时代凿成。

早在北宋地理名著《太平寰宇记》就有关于饮鹤泉的记载：

有井在石佛山顶，方一丈二

云龙山上的饮鹤泉

■ 云龙山上的招鹤亭建筑

尺，深三里，自然液水，虽雨旱无增减。或云饮之可愈疾。时有云气出其中，去地七百余尺。

这些记述中有夸张之处，但也指明饮鹤泉的特点："饮之可愈疾""时有云气出其中"。

至1623年，户部分司主事张璇对饮鹤泉重新进行疏浚，并立碑于井南，碑上为其亲笔手书"饮鹤泉"。并在上端冠以"古迹"两字。上款为"天启癸亥仲冬吉旦"，下款署"古部张璇重浚"。

饮鹤泉以其井深、水质甘美而闻名遐迩，井中之水为洞内岩缝渗漏而来，关于其来历有好几个传说故事。其中有关徐州义士刺恶龙的传说最为有名。

古时有条恶龙，被徐州一义士刺死。恶龙坠地后，变为云龙山，被刺中的咽喉处，即成"饮鹤

户部 古代官署名，为掌管户籍财经的机关，六部之一，长官为户部尚书，曾称"地官""大司徒""计相""大司农"等。户部尚书掌管全国土地、赋税、户籍、军需、俸禄、粮饷、财政收支的大臣，明代为正二品，清代为从一品。

泉"。这个惊心动魄的传说，表现徐州人不畏邪恶、敢于自卫的精神，但却不能视为饮鹤泉的实际成因。

1895年，又疏浚一次，也有碑记写道："不五丈而得泉，甚甘。"从这两段文字记载，再联想到苏轼《游张山人园》诗句："闻道君家好井水、归轩乞得满瓶回。"可以想见饮鹤泉的水质是清纯甘美的。

后来饮鹤泉因瓦石而堵塞干涸。虽再次进行了疏导，却没有再来水了，甚为可惜。

距放鹤亭南20米，饮鹤泉南10多米处，还有一座建在高耸之处的小亭招鹤亭，因《放鹤亭记》有招鹤之歌而得名。

招鹤亭为砖木结构，小巧玲珑，檐角欲飞，是登高远眺的好地方。放鹤亭、饮鹤泉和招鹤亭这三座古迹有着密切的关系。至1872年，徐海道、吴世熊再次重建了放鹤亭。

放鹤亭院西北角有一座凉亭，西南角有一间门窗玲珑的小轩。这原是"御碑亭"，内曾立有乾隆皇帝的《游云龙山作》诗碑。

在清代，乾隆皇帝曾四次来徐州，几乎每次必登云龙山，而且一定要留下一些"御制诗"和标榜风雅的"御书"。存留下来的乾隆为云龙山书写的碑刻已移到

■ 云龙山上放鹤亭院西北角的御碑亭

■招鹤亭

放鹤亭后的碑廊里。

后来，因多年战乱导致放鹤亭被毁了，存留下来的为后来重建的，重建后的放鹤亭彩栋丹楹，焕然一新。

自云龙山北门拾级登达第三节山顶，半月形院门门额上有1906年徐州知府田庚书写的"张山人故址"五个隶书大字。

走进院门，有平坦开阔、铺有甬道的四方庭院，其东侧便是放鹤亭，飞檐丹楹，宽敞明亮。亭南北长约12米，东西深近5米，前有平台，周环游廊，十分优雅。

原来悬挂的乾隆所书"放鹤亭"匾额，改用苏轼笔迹，重新制匾，高悬其上。这样更加富有历史感，放鹤亭内窗明几净，四壁悬挂名家书画，清爽雅静。

阅读链接

关于放鹤亭的饮鹤泉还有另外一个传说。

传说饮鹤泉的建造是一位皇帝为了断"龙命"。传说汉代之后的某朝某代，有个皇帝出游到了云龙山。站在山顶皇帝方言望去，发现云龙山好似一条巨龙俯卧。

在古代，龙代表天子，即皇帝。这位皇帝看到此情此景认为，此处是一个孕育真龙天子的地方。他生怕这个徐州再出天子抢夺自己的皇位，于是就令人在云龙山的"龙头"处凿一井，以断"龙命"。

杭州湖心亭

湖心亭位于浙江杭州西湖中央，是我国四大名亭之一。在宋元时期曾有湖心寺。明代有知府孙孟建振鹭亭，后改清喜阁，是湖心亭的前身。在湖心亭极目四眺，湖光皆收眼底，群山如列翠屏，在西湖十八景中称为"湖心平眺"。

湖心亭不仅是亭名，也是岛名。湖心亭小于三潭印月，大于阮公墩。它们合称"蓬莱三岛"，湖心亭为"蓬莱"，三潭印月为"瀛洲"，阮公墩为"方丈"。环岛皆水，环水皆山，置身湖心亭，确有身处"世外桃源"之感。

西湖盛景的美丽传说

相传在很久以前，天上的玉龙和金凤在银河边的仙岛上找到了一块白玉，他们一起琢磨了许多年，白玉就变成了一颗璀璨的明珠。这颗宝珠的珠光照到哪里，哪里的树木就常青，百花就盛开。

谁知，这颗宝珠被王母娘娘发现后，就派天兵天将把宝珠抢走了，玉龙和金凤赶去索珠，王母不肯，于是就发生了争抢，王母的手

■湖心亭上的残雪

■ 湖心亭旁的"阮公墩"

一松，明珠就降落到人间，变成了波光粼粼的西湖。

玉龙和金凤舍不得明珠，下凡变成玉龙山和凤凰山，永远守护着西湖。他们的眼泪则变成了湖中的三座小岛，人们把这三个岛分别取名为"湖心亭""三潭印月"和"阮公墩"，又称为"蓬莱三岛"。

传说渤海外有三座神山，分别是蓬莱、瀛洲和方丈。在道家经典《列子》中记载："渤海之东有五山焉，一曰岱舆，二曰员峤，三曰方壶，四曰瀛洲，五曰蓬莱。"

据说当时蓬莱岛原来共有五座，那另外两座去哪里了呢？关于消失的两座山，还有一个故事。

住在那里的人都是神仙圣人一类，一天一夜就能飞去又飞回来的人，数也数不清。但五座山的根部并不相连，经常跟随潮水的波浪上下移动，不能有一刻稳定。

《列子》 古代道家的一本书名。《列子》又名《冲虚经》，是道家重要典籍。《列子》全书共记载民间故事寓言、神话传说等134则，题材广泛，有些颇富教育意义。是我国古代思想文化史上著名的典籍，属于诸家学派著作，是一部智慧之书，它能开启人们心智，给人以启示，给人以智慧。

■ 湖心亭美景

神仙和圣人们都讨厌此事，便报告了天帝。天帝担心这五座山流到最西边去，使众多的神仙与圣人失去居住的地方，于是命令禹强指挥15只大鳌抬起脑袋把这五座山顶住。分为三班，60000年一换。

这五座山才开始稳定下来不再流动，但是龙伯之国有个巨人，抬起脚没走几步就到了这五座山所在的地方，一钩就钓上了六只大鳌，合起来背上就回到了他们国家，然后用烧的大鳌的骨头来占卜吉凶。

于是岱舆和员峤两山便沉入了大海，所以就剩下了三座山了。

人们把西湖中的三座岛分别命名为"蓬莱三岛"，湖心亭为"蓬莱"，三潭印月为"瀛洲"，阮公墩为"方丈"。

至宋元时期，人们在蓬莱岛上建造了湖心寺，后倾圮。在后来清代地方志《西湖志》就有记载："亭在全湖中心，旧有湖心寺，寺外三塔，明孝宗时，寺与塔俱毁。"

至1552年，知府孙孟在寺的旧址上盖了振鹭亭，后改用琉璃瓦，亭角悬挂铜铃，风起时，铃声悠悠，一时成为湖上闹处，改名清禧阁，但不久被风雨所倾。

据明代钱塘县令聂心汤的《县志》中记载："湖心寺外三塔，其中塔、南塔并废，乃即北塔基建亭，名湖心亭。复于旧寺基重建德生堂，以放生之所。"

1573年至1619年，又进行重建，清禧阁改名"太虚一点"，因亭居于外西湖中央小岛上，故又称"湖心亭"。亭为岛名，岛为亭名。

清雍正年间，重修湖心亭后，又在上层增添楼阁，新造两间堂屋，屋后是临水长廊。康熙亲临岛上题亭额"静观万类"，题楼额"天然图画"，又写下一副楹联"波涌湖光远，山催水色深。"

后迭经变故，亭阁颓圮，又几成荒岛。

存留下来的湖心亭建造于孤山之南，"三潭印月"的北面。湖心亭选址极为恰当，四面临水，花树掩映，衬托着飞檐翘角的黄色琉璃瓦屋顶，这种色彩上的对比显得更加突出。

岛与建筑结合自然，湖心亭与"三潭印月"、阮公墩三岛如同神话中海上三座仙山一样鼎立湖心。

■西湖湖心亭建筑

而在湖心亭上又有历代文人留下"一片清光浮水国，十分明月到湖心"等写景写情的楹联佳作，更增湖心亭的美好意境，而人于亭内眺望全湖时，山光水色，着实迷人。

湖心亭为楼式建筑，四面环水，登楼四望，不仅湖水荡漾，而且四面群山如屏风林立。亭的西面为西湖的南高峰和北高峰，景色十分壮观。

游人登此楼观景，称为"湖心平眺"，是清代西湖十八景之一。

昔人有诗写道：

百遍清游未拟还，孤亭好在水云间。

停阑四面空明里，一面城头三面山。

湖心亭南便是"三潭印月"。三潭印月的三个石塔为宋代苏东坡任杭州知府时所建。一登岸，迎面来的便是先贤祠和一座小巧玲珑的三角亭，以及与三角亭遥相呼应的四角"百寿亭"。

这些亭与桥既构成了三潭印月水面空间分割，又增加了空间景观层次，成为不可或缺的景观建筑。

■西湖"三潭印月"碑亭

　　绿树掩映的"我心相印亭"以及"三潭印月"的碑亭，都为构成三潭印月的景观、空间艺术层次起到了重要作用，而"我心相印亭"因有"不必言说，彼此意会"的寓意，更增"三潭印月"的情趣。

　　"三潭印月"与湖心亭相互呼应形成对景，更加增添了游人在湖心亭眺望的美景。

阅读链接

　　湖心亭所在的瀛洲岛于泥土松软，不宜建造过多建筑，荒芜了百余年。直至1982年，为开发旅游资源，在这面积5600多平方米的岛上，增添1000多吨泥土，周围块石加固，基建240多平方米，建造了"忆芸亭""云水居"和"环碧小筑"等，后又开辟垂钓区、形成了一个颇具特色的"绿树花丛藏竹舍"的水上园林。

　　后来在湖心亭上举办仿古游，更加受人们欢迎。夏秋之夜的岛上，身着古装的侍女敬茶，古琴伴奏，轻歌曼舞，洋溢着古人生活情趣的气氛，游者乐在其中。

诗词扬名的湖心亭

湖心亭初建时，曾有这样一副对联：

亭立湖心，俨西子载扁舟，雅称雨奇晴好

席开水面，恍苏公游赤壁，偏宜月白风清

■ 湖心亭上的石桥

■西湖湖心亭景观

　　"雨奇晴好"，用苏东坡《饮湖上初晴后雨》的"水光潋滟晴方好，山色空濛雨亦奇"诗句意。"席开水面"形容湖面如席之平广，十分形象。"月白风清"用苏东坡《前赤壁赋》"月白风清，如此良夜何"句。

　　此联把湖心亭比作"西子载扁舟""苏公游赤壁"，使人遐想连翩，产生一种动感。

　　自从宋代诗人苏东坡别出心裁地把西湖比作古代美女西施以来，西湖就有了"西子湖"的美称。而此联又把湖心亭比作西子泛舟湖上的扁舟，可谓佳喻巧思。

　　明朝嘉靖年间人郑烨撰的楹联，描绘了此地景色：

　　台榭漫芳塘，柳浪莲房，曲曲层层皆入画
　　烟霞笼别墅，莺歌蛙鼓，晴晴雨雨总宜人

西施 本名施夷光，春秋末期人物，天生丽质。西施也与南威并称"威施"，均是美女的代称。"闭月羞花之貌，沉鱼落雁之容"中的"沉鱼"，讲的是西施浣纱的经典传说。西施与王昭君、貂蝉、杨玉环并称为我国古代四大美女，其中西施居首。

■西湖湖心亭长廊

胡来朝（1561—1627），清代四大名宦之一。1598年进士，初任陕西延安府司理，后补任浙江杭州司理，又擢吏部文选司郎中，累升都察院右佥都御史。在1617年曾出资为赞皇县增修学宫，县民为纪念他，在县孔庙中为其立祠以祀之。

这是一副清雅秀逸的名胜风景对联。它把湖心亭这一弥漫在濛濛春雨中的名胜，展现在人们的眼前。亭旁堤岸上的柳树在春风吹拂下，如波浪一样，起伏不断，和湖中的莲荷相辉映，雨后乍晴的西湖各种建筑物，在烟霞里显得格外清幽壮观。莲荷相映，莺歌蛙鸣，动静结合，给湖心亭以勃勃生机。

联中叠字运用十分巧妙，"曲曲层层"维妙维肖地写出了湖心亭周围的亭台楼阁、绿柳莲房；"晴晴雨雨"展示了晴、雨天气的西湖景色。

湖心亭清喜阁上旧时有一副胡来朝撰写的楹联，是一篇充满现实主义的作品：

四季笙歌，尚有穷民悲月夜

六桥花柳，浑无隙地种桑麻

经过文人的游历，还有这些优秀楹联的传名，湖心亭愈加出名了。明末清初的时候，明代末期大文学家张岱来到了湖心亭，写下了著名篇章《湖心亭看雪》，从此湖心亭更是名扬天下！

《湖心亭看雪》选自《陶庵梦忆》，写道：

崇祯五年十二月，余住西湖。大雪三日，湖中人鸟声俱绝。

是日更定矣，余拏一小舟，拥毳衣炉火，独往湖心亭看雪。雾凇沆砀，天与云与山与水，上下一白。湖上影子，唯长堤一痕、湖心亭一点、与余舟一芥，舟中人两三粒而已。

到亭上，有两人铺毡对坐，一童子烧酒炉正沸。见余大喜曰："湖中焉得更有

■ 西湖湖心亭景观

此人！"拉余同饮。余强饮三大白而别。问其姓氏，是金陵人，客此。

及下船，舟子喃喃曰："莫说相公痴，更有痴似相公者！"

明代晚期小品在我国散文史上虽然不如先秦诸子或唐宋八大家那样引人瞩目，却也占有一席之地。它如开放在深山石隙间的一丛幽兰，疏花续蕊，迎风吐馨，虽无灼灼之艳，却自有一段清高拔俗的风韵。

第一句："崇祯五年十二月，余住西湖。"从冷冷的冬天能更加突出湖心亭的雪景极其美丽。开头两句点明时间、地点。

"十二月"，正当隆冬多雪之时，"余住西湖"，则点明作者所居邻西湖。这开头的两句，却从时、地两个方面不着痕迹地引出下文的大雪和湖上看雪。

第二句："大雪三日，湖中人鸟声俱绝。"紧承开头，只此两句，大雪封湖之状就令人可想，读来如觉寒气逼人。

作者妙在不从视觉写大雪，而通过听觉来写，"湖中人鸟声俱绝"，写出大雪后一片静寂，湖山封冻，人、鸟都瑟缩着不敢外出，寒噤得不敢作声，连空气也仿佛冻结了。

一个"绝"字，传出冰天雪地、万籁无声的森然寒意。这是高度的写意手法，巧妙地从人的听觉和心理感受上画出了大雪的威严。

它使我们联想起唐人柳宗元那首有名的诗《江雪》："千山鸟飞绝，万径人踪灭。孤舟蓑笠翁，独钓寒江雪。"

柳宗元这幅"江天大雪图"是从视觉着眼的，江天茫茫，"人鸟无踪"，独有一个"钓雪"的渔翁。

张岱笔下则是"人鸟无声"，但这无声却正是人的听觉感受，因而无声中仍有人在。柳诗仅20字，最

柳宗元 （773—819），唐代杰出诗人、哲学家、儒学家乃至成就卓著的政治家，唐宋八大家之一。著名作品有《永州八记》等600多篇文章，经后人辑为30卷，名为《柳河东集》。柳宗元与韩愈同为唐代中期古文运动的领导人物，并称"韩柳"。在我国古代文化史上，其诗、文成就均极为杰出。

■ 湖心亭名胜景观

■ 湖心亭里的长廊

张岱（1597—1679），明末清初文学家、史学家。精于茶艺鉴赏，爱繁华，好山水，晓音乐，戏曲，其最擅长散文，著有《琅嬛文集》《陶庵梦忆》《西湖梦寻》《三不朽图赞》和《夜航船》等绝代文学名著。

后才点出一个"雪"字，可谓即果溯因。

张岱则写"大雪三日"而致"湖中人鸟声俱绝"，可谓由因见果。两者机杼不同，而同样达到写景传神的艺术效果。

如果说，《江雪》中的"千山鸟飞绝，万径人踪灭"，是为了渲染和衬托寒江独钓的渔翁。那么张岱则为下文有人冒寒看雪作为映照。

第三句："是日更定矣，余拏一小舟，拥毳衣炉火，独往湖心亭看雪。""是日"者，"大雪三日"后，祁寒之日也；"更定"者，凌晨时分，寒气倍增之时也。

"拥毳衣炉火"一句，则以御寒之物反衬寒气砭骨。

试想，在"人鸟声俱绝"的冰天雪地里，竟有人夜深出门，"独往湖心亭看雪"，这是一种何等迥绝流俗的孤怀雅兴啊！"独往湖心亭看雪"的"独"

字，正不妨与"独钓寒江雪"的"独"字互参。

在这里，作者那种独抱冰雪之操守和孤高自赏的情调，不是溢于言表了吗？其所以要夜深独往，大约是既不欲人见，也不欲见人。那么，这种孤寂的情怀中，不也蕴含着避世的幽愤吗？

然后，作者以空灵之笔来写湖中雪景："雾凇沆砀，天与云与山与水，上下一白。

湖上影子，唯长堤一痕、湖心亭一点、与余舟一芥，舟中人两三粒而已。"

这真是一幅水墨山水画的湖山夜雪图！"雾凇沆砀"是形容湖上雪光水气，弥漫一片。"天与云与山与水，上下一白"，叠用三个"与"字，生动地写出天空、云层、湖水之间白茫茫浑然难辨的景象。

作者先总写一句，犹如摄取一个"上下皆白"的全景，从看雪来说，符合第一眼的总感觉、总印象。

接着变换视角，化为一个个诗意盎然的特写镜头："长堤一痕、湖心亭一点、余舟一芥，舟中人两

山水画　我国的山水画简称"山水"，以山川自然景观为主要描写对象。形成于魏晋南北朝时期，但尚未从人物画中完全分离。隋唐时始独立，五代、北宋时趋于成熟，成为中国画的重要画科。传统上按画法风格分为青绿山水、金碧山水、水墨山水、浅绛山水、小青绿山水、没骨山水等。

■湖心亭上的石桥

■湖心亭建筑

三粒"等。这是简约的画，梦幻般的诗，给人一种似有若无、依稀恍惚之感。

作者对数量词的锤炼功夫，不得不使我们惊叹。"上下一白"之"一"字，是状其混茫难辨，使人唯觉其大。而"一痕、一点、一芥"之"一"字，则是状其依稀可辨，使人唯觉其小。

真可谓着"一"字而境界出矣。同时由"长堤一痕"到"湖心亭一点"，到"余舟一芥"，到"舟中人两三粒"，镜头则是从小而更小，直至微乎其微。

这"痕、点、芥、粒"等词，一个小似一个，写出视线的移动，景物的变化，使人觉得天造地设，生定在那儿，丝毫也撼动它不得。这一段是写景，却又不止于写景。

从这个混沌一片的冰雪世界中，可以感受到作者那种人生天地间茫茫如"太仓米"的深沉感慨。

最后一句："及下船，舟子喃喃曰：'莫说相公痴，更有痴似相公者！'"

前人论词，有点、染之说，这个尾声，可谓融点、染于一体。借舟子之口，点出一个"痴"字；又以相公之"痴"与"痴似相公者"相比较、相浸染，把一个"痴"字写透。

所谓"痴似相公"，并非减损相公之"痴"，而是以同调来映衬相公之"痴"。"喃喃"两字，形容舟子自言自语、大惑不解之状，如闻其声，如见其人。这种地方，也正是作者的得意处和感慨处。

文情荡漾，余味无穷。痴字表明特有的感受，来展示他钟情山水，淡泊孤寂的独特个性。

《湖心亭看雪》以精炼的笔墨，记叙了作者自己湖心亭看雪的经过，描绘了所看到的幽静深远、洁白广阔的雪景图，表达他幽远脱俗的闲情雅致。

《湖心亭看雪》的作者张岱出身官僚家庭，但是他一生未做官。他是明代晚期散文作家中成就较高的"殿军"，他写的这篇《湖心亭看雪》使得湖心亭更加有名了。

在湖心亭极目四眺，湖光山色皆收眼底，群山如列翠屏，在西湖北岸宝石山上，是著名的宝石流霞。

■杭州西湖宝石山

■ 湖心亭上的"青山如黛"亭

乾隆 清高宗爱新觉罗·弘历的年号，弘历是清朝第六位皇帝，定都北京后第四位皇帝，乾隆寓意"天道昌隆"。在位60年，退位后当了三年太上皇，实际掌握最高权力长达63年，是我国历史上执政时间最长、年寿最高的皇帝，他为发展清朝康乾盛世局面做出了重要贡献，确为一代有为之君。

宝石山初名"石姥山"，曾称"保俶山""保所山""石甑山""巨石山""古塔山"等。山体属火成岩中的凝灰岩和流纹岩，阳光映照，其色泽似翡翠玛瑙，山上奇石荟萃，有倚云石、屯霞石、凤翔石、落星石等。

当朝阳的红光洒在宝石山上，小石块仿佛是熠熠闪光的宝石，备受人们喜爱，被称为"宝石流霞"。

在湖心亭中，还有清帝乾隆在亭上题过匾额"静观万类"，以及楹联"波涌湖光远，山催水色深"。岛南又有"虫二"两字石碑。

据说这两字也是乾隆帝御笔，是将繁体字中的"风月"两字的外边部分去掉，取"风月无边"的意思。1726年，乾隆帝御书"光澈中边"额。

在清代，湖心亭中也引来了诸多文人，其中有几幅楹联非常精妙。

有清代按察使金安清来湖心亭写的楹联：

按察使 古代官名。由宋代提点刑狱演变而来。唐代初期仿汉代体刺史制设立，隶属于各省总督、巡抚，为正三品官，主要任务是赴各道巡察，考核吏治。清末改称提法使，简称臬司。

春水绿浮珠一颗

夕阳红湿地三弓

联语写的是站在西湖堤上眺望湖心亭的景致。上联用比喻手法，把亭比作浮在粼粼绿波上面的一颗明珠。下联写湖心亭在夕阳中的景色。贴切地描绘出夕阳映湖，湖亭倒影给人的视觉和触觉形象。

联语色彩鲜明，对仗工整，也是一个难得的佳作。在湖心亭赏景，还能够看到美丽的平湖秋月景色。平湖秋月也是历代文人所描摹的景色。

清代晚期文学家黄文中在游西湖时，就对平湖秋月的美景写下了楹联：

鱼戏平湖穿远岫

雁鸣秋月写长天

■ 湖心亭上的"光华复旦"牌坊

湖心亭局部景观

平湖秋月，在西湖白堤西端，明代是龙王祠，清代康熙年间改建为御书楼，并在楼前水面建平台，楼侧有"平湖秋月"碑亭。每至皓月当空的秋夜，"一色湖光万顷秋"，充满了诗情画意。

首句描写群鱼在平湖里嬉戏跳跃，好像在湖中的峰峦之中穿行。然后作者把笔锋从水面忽转天空，群雁在秋月下飞行鸣叫，排成"人"字形，好像在长天之中写字。鱼跃雁飞，好一派活活泼泼的景象。

一个"穿"字，一个"写"字，突显出动感与生机。上下联在同一位置上嵌进了"平湖""秋月"，与所塑造的意境浑然一体，非常妥帖自然。

阅读链接

在湖心亭远眺，还能够看到三潭印月。三潭印月岛是西湖中最大的岛屿，风景秀丽、景色清幽。

在岛南湖中建成有三座石塔，相传为苏东坡在杭疏浚西湖时所创设，存留下来有石塔为明代重建。而有趣的是塔腹中空，球面体上排列着五个等距离圆洞，若在月明之夜，洞口糊上薄纸，塔中点燃灯光，洞形映入湖面，呈现许多月亮，真月和假月其影确实难分，夜景十分迷人，故得名"三潭印月"。

北京陶然亭

　　陶然亭位于北京宣武区东南隅，建筑于1695年的清代，是当时监督窑厂的工部郎中江藻建造，取诗人白居易"更待菊黄家酿熟，与君一醉一陶然"之意，取名陶然亭，是我国四大名亭之一。

　　陶然亭三面临湖，东与中央岛揽翠亭对景，北与窑台隔湖相望，西与精巧的云绘楼、清音阁相望。湖面轻舟荡漾，莲花朵朵，微风拂面，令人神情陶然。

清新秀丽的古代建筑

北京地区，在唐代曾为"幽州"。自938年幽州成为辽"南京"以来，金元明清历代均在此建都。都市建设必然需要大量砖瓦，于是便在城郊就近设窑烧制。

从1553年起，增建永定门一线的北京南城城墙，将黑窑厂圈入南城。由于筑城取土及多年的制砖用土，这一带形成了许多深坑，历年

■北京陶然亭内的"陶然亭"石刻

积蓄雨水，逐渐演变为有野鸭芦苇、坡垅高下、蒲渚参差的风景区，被冠以"野凫潭"的雅称。东南隅的黑龙潭，也成为皇家举行求雨仪式的固定场所。

在野凫潭畔高坡上有一座古刹慈悲庵，始建于元代，又称观音庵。关于慈悲庵的记载，最早于清代，1633年，重修慈悲庵时，后来任工部尚书的宛平人田种玉撰写的《重修黑窑厂观音庵碑记》，其中称：

> 观音庵者，普门大寺香火院也，创于元，沿于明……

该碑后来被毁，这也是关于慈悲庵创设年代最为直接的记录。在元明两代，关于慈悲庵的文献记载却几乎是一片空白。

1694年，工部郎中江藻奉命监督黑窑厂。他在闲暇之余常来野凫潭畔高坡上的古刹慈悲庵观览。因喜爱此处清幽雅致的环境，他于第二年在慈悲庵西侧建

观音 又作观世音菩萨、观自在菩萨、光世音菩萨等。他相貌端庄慈祥，经常手持净瓶杨柳，传说他具有无量的智慧和神通，常普救人间疾苦。当人们遇到灾难时，只要念其名号，他便前往救度，所以称观世音。观世音菩萨在佛教诸菩萨中，位居各大菩萨之首，是我国百姓最崇奉的菩萨，影响最大。

苏式彩画 源于江南苏杭地区民间传统做法，故名，俗称"苏州片"。一般用于园林中的小型建筑，如亭、台、廊、榭以及四合院住宅、垂花门的额枋上。苏式彩画是一大类彩画的总称，它有相对固定的格式，主要特征是在开间中部形成包袱构图或枋心构图，在包袱、枋心中均画各种不同题材的画面，如山水、人物、花卉、走兽等，成为装饰的突出部分。

■陶然亭牌匾

了一座小亭，取白居易诗句"更待菊黄家酿熟，共君一醉一陶然"的意境，将此亭命名为"陶然亭"。

江藻建亭10年以后，他的哥哥江蘩做了官，在1704年，将小亭拆掉，改建成南北砌筑山墙、东西两面通透的"敞轩"。

康熙年间，黑窑厂管理机构撤销，砖窑交窑户承包之后，陶然亭一带成了文人雅士们饮酒赋诗、观花赏月的聚会场所。查慎行、纪晓岚、龚自珍、张之洞、谭嗣同、秋瑾等许多名人都曾到过这里。

慈悲庵西侧的三间敞轩便是陶然亭。陶然亭面阔3间，进深一间半，面积约90平方米。亭上有苏式彩画，屋内梁栋饰有山水花鸟彩画，两根大梁上绘有《彩菊》《八仙过海》《太白醉酒》和《刘海戏金蟾》等彩画。

陶然亭上有江藻亲笔提写的"陶然亭"三字匾

额。在东向门柱上悬联：

> 似闻陶令开三径，
> 来与弥陀共一龛。

此联是林则徐书写。在山门内檐下悬挂写有"陶然"两字的金字木匾，此匾为江藻遗墨。亭间分别悬挂两幅楹联，一幅写道：

> 慧眼光中，开半亩红莲碧沼，
> 烟花象外，坐一堂白月清风。

另一幅写道：

> 烟藏古寺无人到，
> 榻倚深堂有月来。

■陶然亭内景

经幢 幢，原是中国古代仪仗中的旌幡，是在竿上加丝织物做成，又称幢幡。由于印度佛的传入，特别是唐代中期佛教密宗的传入，将佛经或佛像起先书写在丝织的幢幡上，为保持经久不毁，后来改书写为石刻在石柱上，因刻的主要是《陀罗尼经》，因此称为经幢。

此联是清代书法家翁方纲所撰，清代慈悲庵的主持僧静明请光绪皇帝的老师翁同龢重写。

在亭的南北墙上有四通石刻，一是江藻撰写的《陶然吟》引并跋；二是清代布政司参政江皋撰写的《陶然亭记》；三是清代思想家谭嗣同所著的《城南思旧铭》并序；四是《陶然亭小集》，这是清代文学家王昶写的《邀同竹君编修陶然亭小集》，此诗是王昶作于1775年的清代左右。

陶然亭建成后，江藻常邀请一些文人墨客、同僚好友到陶然亭上饮宴、赋诗。

慈悲庵经清代的修缮、扩建成后来人们看到的规模。其总面积为2700平方米，建筑总面积800余平方米。庵内主要建筑有山门，观音殿、准提殿、文昌阁、陶然亭以及南厅五间，西厅三间、北厅六间等。

在慈悲庵山门石额上刻有"古刹慈悲禅林"六字，山门向东，整个建筑布局严谨，瑰丽庄重。

进入慈悲庵山门，迎山门有影壁，其后有1131年，遗留下的金代石塔形经幢，幢身为八角柱体，八面间错着刻有四尊佛像和四段梵汉两种文字的经文，这四段经文分别为观音菩萨甘露陀罗尼、净法界陀罗尼、智炬如来心破地狱陀罗尼，有一面刻有的年月款式尚依稀可见，只见天会九年几字。

南侧为准提殿，面阔三间，供奉准提等三位菩萨和多尊佛像、祭器、供具等，可惜这些物品后来均被毁，该殿亦改为"陶然亭奇石展室"。

殿额题：

准提宝殿

殿联题：

法雨慈云，众生受福；
金轮宝盖，两戒长明。

■元代古刹慈悲庵山门

文昌帝君 为民间和道教尊奉的掌管士人功名禄位之神。文昌本星名，也称"文曲星"，或"文星"，古时认为是主持文运功名的星宿。其成为民间和道教所信奉的文昌帝君，与梓潼神和张亚子有关，故又称"梓潼帝君"。

额与联均为1880年，由岭南潘衍所题。在殿前西侧，还存有后来袁浚以魏碑体的大字书写的"陶然亭"碑石。

观音殿是慈悲庵的主殿，坐北朝南，与准提殿相对。两殿同处慈悲庵之轴线上，规格体制虽相仿。但观音殿之殿基较准提殿殿基高出0.6米左右，并有殿廊，因而更为宏伟壮观。屋顶脊兽，有狮、麒麟、海马等，显得庄严肃穆。

在道光28年，殿额为

大自在

康熙43年，殿额改为：

自在可观

■ 元代古刹慈悲庵
文昌阁

■ 元代古刹慈悲庵
观音殿

楹联题：

> 莲宇苔葒，去天尺五临韦曲；
> 芦塘森漫，在水中央认补陀。

殿内有大乘佛教阿弥陀佛、大势王菩萨、观音菩萨的藤胎泥像和一些小型神像、佛像，另有一方文彭镌刻的《兰亭序》石观。

殿前东侧原有田种玉于1663年撰书的《重修黑窑厂观音庵记》石碑，廊下西侧原有步青云于撰书的《重修黑窑厂慈悲院记》石碑。

文昌阁坐北朝南，面阔三间，约8.1米，进深一间约4.4米。高约10米，总建筑面积为83平方米。阁前有一小方亭。楼上朝南一面有廊，可凭栏眺望。

文昌阁内祀奉的是文昌帝君和魁星，这两位神祇主宰文运兴衰和功名禄位，备受读书人崇敬。

魁星 是我国神话中所说的主宰文章兴衰的神，即文昌帝君。旧时很多地方都有魁星楼、魁星阁等建筑物。由于魁星掌主文运，深受读书人的崇拜。因"魁"又有"鬼"抢"斗"之意，故魁星又被形象化成一副张牙舞爪的形象。同时还是我国古代星宿名称。

文昌阁前有座"慈智大德佛顶尊胜陀罗尼幢",建于1099年,幢高2.52米,八角柱体,八面均有用汉文和音译梵文刻的经文。

湖心岛上还有锦秋墩、燕头山,与陶然亭成鼎足之势。锦秋墩顶有锦秋亭,其地为花仙祠遗址。陶然亭南山麓有"玫瑰山",燕头山顶有揽翠亭,与锦秋亭和陶然亭形成对景。

对于锦秋墩,在晚清作家魏秀仁所作《花月痕》里对陶然亭锦秋墩有详尽描述:

> 京师繁华靡丽,甲于天下。独城之东南有一锦秋墩,上有亭,名陶然亭,百年前水部郎江藻所建。
>
> 四围远眺,数十里城池村落,尽在目前,别有潇洒出尘之致。
>
> 亭左近花神庙,绵竹为墙,亦有小亭。亭外孤坟三尺,春时葬花于此,或传某校书埋玉之所。

后来,人们将陶然亭辟为公园,将原来中南海内乾隆时代的宫廷建筑云绘楼、清音阁迁来此处,与慈悲庵内的陶然亭比邻而居、隔水

■北京云绘楼景致

■ 陶然亭清音阁

相对，成为一道亮丽的风景线。

　　在陶然亭葫芦岛西南，与陶然亭隔水相望，有座
妩媚多姿精巧的双层楼阁，它就是云绘楼和清音阁。
云绘楼坐西向东，三层，楼北清音阁"，坐南朝北，
阁上下与云绘楼相通，有门叫"印月"。

　　双层的彩画游廊向北面和东面伸出，各自连接着
一座复式凉亭，而这两座复式的凉亭，又紧紧连接在
一起，彼此独立而面向不同的方向，但又珠联璧合，
浑然一体，是这组建筑最显著的风格。

　　这座具有江南风格的小巧建筑，雕塑彩绘全部保
存原来的形式与装饰，精巧大方，别具风格，山水之
间有亭、台、楼、阁的点缀，更加清新秀丽。

　　后来云绘楼因施工需要拆除，但因这组建筑结构
和风格独具特色，所以把这组建筑完整地迁建到陶然
亭的西湖南岸。

　　雕塑 是造型艺术
的一种。又称雕
刻，是雕、刻、
塑三种创制方法
的总称。指用各
种材料创造出具
有一定空间的可
视、可触的艺术
形象，借以反映
社会生活、表达
艺术家的审美感
受、审美情感、
审美理想的艺
术。在原始社会
末期，居住在黄
河和长江流域的
原始人，就已经
开始制作泥塑和
陶塑了。

亭台情趣

迷人的典型精品古建

在陶然亭西南山下建澄光亭，亭北山下为常青轩。于陶然亭望湖观山，最为相宜。

陶然亭周围，还有许多著名的历史胜迹。西北有龙树寺，寺内有蒹葭簃、天倪阁、看山楼和抱冰堂等建筑，名流雅士常于此游憩。

东南有黑龙潭、龙王亭、哪吒庙、刺梅园、祖园，西南有风氏园，正北有窑台，东北有香冢、鹦鹉冢等。

阅读链接

在陶然亭的四周，还有仿建的我国各地的名亭，它们都位于陶然公园中的华夏名亭园。

在1985年修建的华夏名亭园是陶然亭公园的"园中之园"，这是精选国内名亭仿建而成的。

其中有湖南省汨罗纪念战国时期楚国伟大诗人屈原的独醒亭；有浙江省绍兴纪念晋代大书法家王羲之的兰亭和鹅池碑亭；有四川省成都纪念唐代诗人杜甫的少陵草堂碑亭；有江苏省无锡纪念唐代文学家陆羽的二泉亭；有江西省九江纪念唐代诗人白居易的浸月亭，还有安徽省滁州纪念北宋文学家欧阳修的醉翁亭。

陶然亭中的名人轶事

陶然亭建成后，江藻常邀请一些文人墨客、同僚好友到陶然亭上饮宴、赋诗，这里变成了文人墨客"红尘中清净世界"，故陶然亭是文人雅集的地方，因此留下的诗文很多。

其中清代礼部主事龚自珍在陶然亭上留下过很多诗文。文昌阁位于陶然亭不远处，文昌帝是主管教育和考试的神仙，因此成了清代学子聚集之处。

在清代，每三年举行一次由皇帝主持的科举考试，全国的举子云集京城，大多住在南城一带的会馆中，有人在考试前来这里祷告上苍，向文昌帝顶礼膜拜，以求成全他们获取功名的愿望，考试后，还要来这里聚会。

考上了，开怀畅饮，

■陶然亭内一角

■ 陶然亭对联

龚自珍 （1792—1841），清代思想家、文学家及改良主义的先驱者。曾任内阁中书、宗人府主事和礼部主事等官职。48岁辞官南归，次年暴卒于江苏丹阳云阳书院。他的诗文主张"更法""改图"，洋溢着爱国热情，被柳亚子誉为"三百年来第一流"。著有《定庵文集》，著名诗作《己亥杂诗》共315首。

以示庆贺；没考上的，内心郁闷，也不免在陶然亭上追悔叹息。

据说，清代杰出的政治家、思想家龚自珍在27岁时，进京赶考，殿试落第，于仲秋的暮霭中登上陶然亭。他凭栏远眺昏暗落日笼罩的京城，耳听四面荒野中过往行人的匆匆脚步，内心的压抑和苍茫的景色令他百感交集，遂挥笔赋诗于陶然亭壁上，诗写道：

楼阁参差未上灯，菰芦深处有人行，

凭君且莫登高望，忽忽中原暮霭生。

这首诗也表现出当时龚自珍失落的心情。

在陶然亭还有一副绝对，受到诸多文人墨客的赞叹，是清代政治家张之洞在陶然亭与朋友聚会的时候，无意中出现的对联，写道：

陶然亭

张之洞

　　当时张之洞做京官，有一次，他在陶然亭请几位朋友吃饭。席间，张之洞忽然问道："陶然亭三个字，该用什么来对？"

　　过了一会儿，就见客人们交头接耳，在下边偷偷地笑，还不断地往他脸上看。

　　张之洞莫名其妙，又问道："诸位到底对的是什么？"

　　其中有一位站起来说道："恐怕只有您的大名才对得好。"

　　张之洞听了，也大笑起来。原来这是一副无情对，"陶然亭"对"张之洞"。

张之洞（1837—1909），号香涛、香岩，又号壹公、无竞居士，晚年自号抱冰。清代洋务派代表人物之一，其提出的"中学为体，西学为用"，是对洋务派和早期改良派基本纲领的一个总结和概括。张之洞与曾国藩、李鸿章、左宗棠并称晚清"四大名臣"。

■ 陶然亭内的"独醒亭"

■ 陶然亭内的"谪仙亭"

从字面上讲，陶张为姓，然之为虚词，亭洞为景物名词，对得极为工整。而意义上一为地名，一为人名，上下联之间是"无情"，即无关联的。

这副对联便在陶然亭广为流传，为陶然亭增色不少。在清代，来到陶然亭游历的还有民族英雄林则徐，他在陶然亭写下了一副非常有名的对联：

似闻陶令开三径；

来与弥陀共一龛。

此联为流水对上下文意一贯。

上联："陶令"，东晋时期诗人陶渊明，曾任彭泽县令。"三径"，陶渊明《归去来辞》中有"三径就荒，松菊犹存"句，这里指隐居。

下联："弥陀"，梵语"阿弥陀佛"的简称，此处泛指佛像。"龛"，供奉神像的石室或柜子，这里指佛门。

联语用陶令之典兼指陶然亭之陶，并以陶渊明淡泊的田园生活，来形容陶然亭的幽静，表示其心与古人相通，表现了作者对隐居生活的向往。联语也可看作是作者心声的流露。

并且，清代著名的大学士翁方纲也曾来到陶然亭并题写了对联：

烟笼古寺无人到；

树倚深堂有月来。

联语描绘寺之"静"。烟笼，指烟雾笼罩。上联写白天的清静，古寺被烟雾笼罩，无人到此；下联叙述夜晚的安谧，深堂处于树林之中，只有明月照映进来。

以"无人"与"有月"的对比描写，显现了庵堂幽深绝世的风貌，含蕴着超凡脱俗的韵味。

作者是当时的达官显宦，过惯了锦衣玉食的生活，但对世俗的尘嚣，也感腻烦，发现城内竟有这"无人""有月"的古寺，真像进入世外桃源。联语表达了他向往隐居生活的

■ 谪仙亭雪景

心情。还有清末大学士江峰青也曾在陶然亭留下佳作，写道：

> 果然城市有山林，除却故乡无此好；
> 难得酒杯浇块垒，酿成危局待谁支。

此联看似随意写来但却是匠心独运，诚属陶然亭对联中之佳作。上联快人快语，概述了陶然亭幽深的园林特色，点明其在都市中的脱俗之处。

"果然"两字，语气十分肯定，说明此亭久负盛名，名副其实。作者为安徽婺源人，故乡即指此。

下联写人，也即作者在亭中的活动。把酒赏景，本为悦心惬意之美事，但作者却在用酒浇愁。

"块垒"，喻胸中郁结不平之气。"难得"，说明作者公务之繁冗。结句表面写酒后的醉态，其实一语双关，寓意明显。

"危局"，酒醉不能自持之貌，故要人扶持。

户部 古代官署名，为掌管户籍财经的机关，六部之一，长官为户部尚书，曾称"地官""大司徒""计相""大司农"等。户部起源源先于秦《周庄》记载此职为"地官大司徒"，唐代初期称"度支""左民""右民"等，后因避讳太宗皇帝李世民名讳改称"户部"。主管田赋，关税，厘金，公债，货币及银行等。

■ 陶然亭公园内的的兰亭后堂

■ 陶然亭公园内的的醉翁亭

"支"，犹扶持。此联也表现了作者想报效国家、有所作为的一片苦心。

另外，清末文学家秋瑾在前往日本留学前，曾在陶然亭与家人话别。

1902年，秋瑾之夫王廷钧赴京就任户部主事，秋瑾随夫而行。王廷钧的近邻为户部郎中廉泉宅。廉泉宅思想维新，在京开设文明书局，并与日人合办东文学社，颇有影响。

廉泉宅妻吴芝瑛系桐城派文学大家吴汝纶侄女，工诗文，善书法。秋瑾与吴芝瑛一见如故，结为义姐妹。秋瑾在吴家阅读了许多新学书刊，吴芝瑛还引荐秋瑾参加"上层妇女谈话会"，使性格伉爽若须眉的秋瑾眼界大开，胆识俱增。

后来，吴又积极赞助秋瑾前往日本留学。离国之日，吴芝瑛邀约众女友在陶然亭为秋瑾饯行。席间，

秋瑾（1875—1907），原名秋闺瑾，字璇卿，号旦吾，乳名玉姑，东渡后改名瑾，字竞雄，自称"鉴湖女侠"，笔名秋千，曾用笔名白萍。清代末期女思想家，提倡男女平等，常以花木兰、秦良玉自喻，性豪侠，习文练武。

■陶然亭里的百坡亭

吴芝瑛挥毫作联，写道：

> 驹隙光阴，聚无一载；
>
> 风流云散，天各一方。

　　这幅联不但表现出了众人的离愁别绪，也给陶然亭增添了一抹淡淡的忧伤，使得这个千古名亭更加具有韵味了。

阅读链接

　　在陶然亭公园中，还有一个辽代经幢，名为"故慈智大德佛顶尊胜大悲陀罗尼幢"。

　　辽代经幢建于1099年，位于陶然亭公园慈悲庵内文昌阁前。是为了纪念慈智和尚而建的，幢身上刻的是慈智和尚的生平事迹。慈智和尚姓魏名震，在辽道宗耶律宏基年间进宫讲过法，并赐予"紫衣慈智"的称号。

　　1964年，当代著名历史学家郭沫若来到陶然亭时说："辽幢很有历史价值，它是测定金中都城址位置的重要坐标，同时还是北京历史上的一处重要水准点。"

长沙爱晚亭

　　爱晚亭位于湖南省岳麓山下清风峡中，始建于1792年，因清风峡遍植古枫而取名"红叶亭"。后来根据杜牧的《山行》，改名为"爱晚亭"。

　　爱晚亭与醉翁亭、西湖湖心亭、陶然亭并称"中国四大名亭"。亭形为重檐八柱，琉璃碧瓦，亭角飞翘，自远处观之似凌空欲飞状。内为丹漆圆柱，外檐四石柱为花岗岩，亭中彩绘藻井。为我国四大名亭之一。

饱含深意的爱晚亭

　　在湖南省有个岳麓山。岳麓山荟萃了湘楚文化的精华，名胜古迹
众多，集儒释道为一体，而且植物资源丰富。在这个美丽的岳麓山有
一个始建于宋代的书院，名为岳麓书院。岳麓书院内保存大量的碑匾
文物闻名于世，是一处深刻具有湖湘文化内涵的书院。

■湖南岳麓书院大门

■ 枫林掩映中的爱晚亭

1792年，岳麓书院山长罗典在岳麓后清风峡的小山上建造了一座亭子。亭子八柱重檐，顶部覆盖绿色琉璃瓦，攒尖宝顶，亭角飞翘，自远处观之似凌空欲飞状。内柱为红色木柱，外部的四石柱为花岗石方柱，天花彩绘藻井，东西两面亭栿悬以红底鎏金"爱晚亭"额。

过去，清风峡遍布古枫，每到深秋，满峡火红，故将亭子取名为"红叶亭"，也称"爱枫亭"。

后由湖广总督毕沅，根据唐代诗人杜牧《山行》中"远上寒山石径斜，白云生处有人家。停车坐爱枫林晚，霜叶红于二月花"的诗句，改名"爱晚亭"。

但是，在民间关于爱晚亭的由来，还有另外一个传说呢！

亭子建成后不久，江南年轻才子袁枚曾专程来岳麓书院拜访山长罗典，但罗典这时已经名满天下了，根本不屑于见这样的后起之秀，袁枚知道了，倒也不

彩绘 在我国自古有之，被称为丹青。其常用于我国传统建筑上绘制的装饰画。我国建筑彩绘的运用和发明可以追溯到2000多年前的春秋时代。它自隋唐期间开始大范围运用，到了清朝进入鼎盛时期，清朝的建筑物大部分都覆盖了精美复杂的彩绘。

袁枚（1716—1797），清代诗人、散文家，字子才，号简斋。1793年中进士，历任溧水、江宁等县知县，有政绩，他40岁时即告归。在江宁小仓山下筑随园，吟咏其中。广收诗弟子，女弟子尤众。袁枚是乾嘉时期代表诗人之一，与赵翼、蒋士铨合称"乾隆三大家"。

生气，也不言语，转身就上了山。

袁枚到了清风峡，只见这里三面环山，枫叶红的像火，中间开阔处有座亭子，石柱子，琉璃瓦，飞檐高挑。亭子的匾额上写着"红叶亭"三个大字，柱子上刻了一副对联：

山径晚红舒，五百夭桃新种得

峡云深翠滴，一双驯鹤待笼来

袁枚看了对联，不住点头，望望匾额，好像想说什么，又没说出口来。他离开了清枫峡，参拜了麓山寺，观赏了白鹤泉，登上了云麓宫，才兴尽下山。

在岳麓山上，袁才子诗兴大发，见一景就题一诗，唯独到了这红叶亭，他只抄录了杜牧的《山行》诗，把后两句抄成了"停车坐枫林，霜叶红于二月花"，故意漏了"爱、晚"两字。

罗典听说后，也跟着上了山，一路上，他见袁枚的诗，才华横溢，不禁赞不绝口。

到了红叶亭，一见这两句，罗典一下子全明白了，心想：这首诗独独漏了"爱晚"两字，这是在变着法儿说我不爱护晚辈呀。罗典顿时心生惭愧，就把这亭子改作了"爱晚亭"。

从此以后，罗典再也不傲慢了。每有文人上山，不管自己喜欢不喜欢，熟

■雪后爱晚亭

悉不熟悉，总是客客气气地接进书院，热情相待。

■ 冬日里的爱晚亭景象

　　不过传说归传说，据史料考究，真正给爱晚亭改名的是当时的湖广总督毕沅。

　　毕沅那时正任湖广总督，常到岳麓山爱晚亭一带游览，毕沅与罗典有多年的交谊，后来毕沅在一次游览岳麓山的时候将亭子改名为"爱晚亭"。

　　在罗典的《次石琢堂学使留题书院诗韵两首即以送别》诗后有一条自注："山中红叶甚盛，山麓有亭，毕秋帆制军名曰'爱晚'，纪以诗。"

　　这个自注也充分说明了，毕沅才是真正给亭子改名的人。爱晚亭具有浓厚的悲秋情怀，也正是因为如此，才借着杜牧的《山行》这首诗取名"爱晚亭"。杜牧的《山行》诗写道：

　　　　远上寒山石径斜，
　　　　白云生处有人家。

毕沅（1730—1797），清代官员、学者，字秋帆。1760年进士，廷试第一，状元及第，授翰林院编修。病逝后，赠太子太保，赐祭葬。毕沅经史自小学金石地理之学，无所不通，续司马光书，成《续资治通鉴》，又有《传经表》《经典辨正》《灵岩山人诗文集》等。

停车坐爱枫林晚，

霜叶红于二月花。

关于"霜叶红于二月花"一句，清代诗人俞陛云《诗境浅说续编》写道：

诗人之咏及红叶者多矣，如'林间暖酒烧红叶'，'红树青山好放船'等句，尤脍炙诗坛，播诸图画。

惟杜牧诗专赏其色之艳，谓胜于春花。当风劲霜严之际，独绚秋光，红黄绀紫，诸色咸备，笼山络野，春花无此大观，宜司勋特赏于艳李秾桃外也。

悲秋是我国文学史上的一个传统主题，红叶簇拥下的爱晚亭也有悲秋之美，所以此亭取《山行》命名"爱晚亭"正是合适，更加衬托爱晚亭秋季的美景。

杜牧写这首诗时正在南方当官，诗中的山正是今天的岳麓山，因为"停车坐爱枫林晚"这句诗，才有了今天岳麓山上的爱晚亭。

阅读链接

据说原爱晚亭上罗典撰写的对联是："忽讶艳红输，五百夭桃新种得；好将丛翠点，一双驯鹤待笼来。"而这个对联在1911年，经岳麓书院学监程颂万改成："山径晚红舒，五百夭桃新种得；峡云深翠滴，一双驯鹤待笼来。"

当时，岳麓书院山长罗典的学识才情和资历名望，其实并不是很高。所以，程氏毅然改之。改后的对联更加贴切了。

诗词流芳为亭添光彩

就建筑而言，爱晚亭在我国亭台建筑中，影响也非常深远，堪称亭台之中的经典建筑。对于爱晚亭，可以用一个字来形容它，就是"古"。爱晚亭既有古形，又具古意，兼擅古趣。

爱晚亭是一座典型的我国古典园林式亭子，它按重檐四披攒尖顶建造，重檐即两套顶，这使整个亭子显得十分有气势和稳重。四披即采用四条斜边，向中心凝聚成一点而形成的顶棚结构就叫作"攒尖顶了"。

攒尖顶使得整个亭子有一种向心的凝聚力，这种凝聚力也是我国古代传统文化中重"中庸"、重"立身"、重"大一统"等儒家思想的体现，也是我国传统文化的表现形式。

从外面看来，爱晚亭整体稳重却

■ 雪后的爱晚亭

藻井 我国传统建筑中室内顶棚的独特装饰部分。一般做成向上隆起的井状，有方形、多边形或圆形凹面，周围饰以各种花藻井纹、雕刻和彩绘。多用在宫殿、寺庙中的宝座、佛坛上方最重要部位。古人穴居时，常在穴洞顶部开洞以纳光、通风、上下出入。出现房屋后，仍保留这一形式。其外形像个凹进的井，"井"加上藻文饰样，所以称为"藻井"。

■ 爱晚亭正面

不显笨重，这是为什么呢？原来我们的古人，在建造爱晚亭的时候，想到了一个十分巧妙的构思。

沿四条脊往檐角看去，可以发现檐角向上飞翘的，像一只展翅欲飞的鸟，使得亭子有了一种轻巧活泼、飘逸的感觉。

再加上爱晚亭的丹柱、碧瓦、白玉护栏和彩绘藻井，无一不显示出这座百年名亭的古朴之美。

爱晚亭三面环山，东向开阔，有平地纵横10余丈，亭子立于中央。紫翠青葱，流泉不断。亭前有池塘，桃柳成行。四周皆枫林，深秋时红叶满山。

再来谈谈它的古意。我国古建筑都很注重风水，也就是譬究阴阳五行，这在爱晚亭上也有体现。

爱晚亭背靠岳麓山主峰碧虚峰，左右各有一条山脊蜿蜒而下，前则遥望滔滔湘水。这种地势正符合我国古代传统的四相布局，即左青龙，右白虎，后玄武，前朱雀。

而且这儿三面环山，林木茂盛，属木。小溪盘绕，半亩方塘，属水。亭子坐西面东，尽得朝晖，属火。亭子高踞土丘之上，奇石横陈，属土。

"金木水火土"五行中只缺"金"了，于是亭子涂以丹漆，便五行齐备，大吉大利了。

另外，爱晚亭还是一座饱经磨难的亭子。过去，这儿满目疮痍，罗典建筑爱晚亭的时候是下大气力进行了修整的，他疏浚水道，移花栽木，才使爱晚亭焕发出勃勃生机。

后来，爱晚亭又屡毁屡修，屡修屡毁，直至新中国成立后，才得到全面的修复。爱晚亭现已成为古城长沙的标志性建筑。

在古代众多的亭中，有的因前人借"亭"抒情，留下名篇，有的更因诗得名成为名胜，至今仍被人传诵。而爱晚亭不但是建筑上璀璨夺目的矶珠，而且历代骚人雅士题写在亭柱上的楹联也是一朵玲珑别致的艺术之花，给人增趣，给人解颐，同时也为这些亭锦上添花。

爱晚亭有许多的名联佳对，结构精美，韵味深远，其雅致、完美的语言，其奇巧、谐趣的构思，其动情、惊人的魅力，其丰富、深远的意境，让人赏读之后口齿含香，如痴如醉。

亭前的石柱上有这样一副对联：

■ 爱晚亭雪景

山径晚红舒，五百天桃新种得；
峡云深翠滴，一双驯鹤待笼来。

这副妙联是清代宣统时期湖南程颂万任岳麓书院学监，将原山长罗典所题的爱晚亭对联改成这样的。从字面上来看，上联描写了山径向晚，新桃成林，桃花盛开，红艳的山花与晚霞相互辉映。

罗典（1719—1808），1747年乡试第一，1751年殿试二甲第一名，选庶吉士，授编修官。1782年聘为岳麓书院院长，历任27年。罗典学识渊博，才高气正，治学严谨，育才有方，深得学生喜爱。经过他的教育，培养了一大批人才，其中以陶澍、欧阳厚均等尤为出众。

下联写的是亭侧为青枫峡，枫林红遍，不远处为白鹤泉，故有驯鹤待笼。

后来，罗典的门生欧阳厚均当山长，又题了一副对联：

> 红雨径中，记侍扶鸠会此地；
> 白云深处，欲招驯鹤待何年。

正是因为这些诗文，爱晚亭的名声渐渐大了起来，吸引了无数文人骚客来爱晚亭游览，并且写下了很多美妙的诗句。清代学者欧阳厚基的七律《岳麓爱晚亭》就非常有名，写道：

> 一亭幽绝费平章，峡口清风赠晚凉。
> 前度桃花斗红紫，今来枫叶染丹黄。

■ 爱晚亭景观

饶将春色输秋色，迎过朝阳送夕阳。
此地四时可乘兴，待谁招鹤共翱翔?

■ 爱晚亭匾额

诗中"一亭幽绝费平章"，开篇即点明题目并领起全篇。"一亭"照应题目中之"爱晚亭"，"幽绝"为爱晚亭及其周围的景色定位，恰到好处，一字不移，"平章"者，即品评也，虽然对绝佳的风物不易评说，但全诗却都是作者诗化的评论品赏。

据明代《岳麓志》记载："当溽暑时，清风徐至，人多憩休。"爱晚亭在清风峡口，"峡口清风赠晚凉"切地切景，而拟人化的"赠"字生动新鲜。

"前度桃花斗红紫，今来枫叶染丹黄"，颔联两句分写春之桃花秋之枫叶，"红紫"与"丹黄"两个表颜色的词分别缀于句尾，色彩鲜明炫人眼目。

爱晚亭前的池塘边有桃树数株，诗人以"斗"来形容春来时盛开的桃花。

红枫如火，唐代诗人刘禹锡早就说过"自古逢秋悲寂寥，我言秋日胜春朝"了，杜牧也早就说过"霜叶红于二月花"。

而此诗的颈联的创造性，在于歌咏秋光之美时，上下两句分而赏则是珠圆玉润的"句中对"，即"春色"对"秋色"，"朝阳"对"夕阳"，合而咏之则是唱叹有情的"流水对"，而在颔、颈两联中，"斗、染、输、送"四个动词在同一位置的运用，也

■绿荫中的爱晚亭

可见诗心之妙。

欧阳厚基为权沅州府学教谕，终桂东县学教谕，毕生"传道授业解惑"，不以功名或诗名鸣世，但是他的文采却非常出众，爱晚亭也因他写的这首诗而更加有名了。

从爱晚亭后右侧，穿过枫林桥，有一座供游人憩息的小亭，亭中央放置一张立方体石桌，上有"二南诗刻"，即宋代张木式写的《青枫峡诗》和清代钱澧写的《九日岳麓山诗》。

中华精神家园书系

古迹奇观

玉宇琼楼：分布全国的古建筑群
城楼古景：雄伟壮丽的古代城楼
历史开关：千年古城墙与古城门
长城纵览：古代浩大的防御工程
长城关隘：万里长城的著名关卡
雄关漫道：北方的著名古代关隘
千古要塞：南方的著名古代关隘
桥的国度：穿越古今的著名桥梁
古桥天姿：千姿百态的古桥艺术
水利古貌：古代水利工程与遗迹

山水灵性

母亲之河：黄河文明与历史渊源
中华巨龙：长江文明与历史渊源
江河之美：著名江河的文化源流
水韵雅趣：湖泊泉瀑与历史文化
东岳西岳：泰山华山与历史文化
五岳名山：恒山衡山嵩山的文化
三山美名：三山美景与历史文化
佛教名山：佛教名山的文化流芳
道教名山：道教名山的文化流芳
天下奇山：名山奇迹与文化内涵

自然遗产

天地厚礼：中国的世界自然遗产
地理恩赐：地质蕴含之美与价值
绝美景色：国家综合自然风景区
地质奇观：国家自然地质风景区
无限美景：国家自然山水风景区
自然名胜：国家自然名胜风景区
天然生态：国家综合自然保护区
动物乐园：国家动物自然保护区
植物王国：国家保护的野生植物
森林景观：国家森林公园大博览

西部沃土

古朴秦川：三秦文化特色与形态
龙兴之地：汉水文化特色与形态
塞外江南：陇右文化特色与形态
人类敦煌：敦煌文化特色与形态
巴山风情：巴渝文化特色与形态
天府之国：蜀文化的特色与形态
黔风贵韵：黔贵文化特色与形态
七彩云南：滇云文化特色与形态
八桂山水：八桂文化特色与形态
草原牧歌：草原文化特色与形态

东部风情

燕赵悲歌：燕赵文化特色与形态
齐鲁儒风：齐鲁文化特色与形态
吴越人家：吴越文化特色与形态
两淮之风：两淮文化特色与形态
八闽魅力：福建文化特色与形态
客家风采：客家文化特色与形态
岭南灵秀：岭南文化特色与形态
潮汕之根：潮州文化特色与形态
滨海风光：琼州文化特色与形态
宝岛台湾：台湾文化特色与形态

中部之魂

三晋大地：三晋文化特色与形态
华夏之中：中原文化特色与形态
陈楚风韵：陈楚文化特色与形态
地方显学：徽州文化特色与形态
形胜之区：江西文化特色与形态
淳朴湖湘：湖湘文化特色与形态
神秘湘西：湘西文化特色与形态
瑰丽楚地：荆楚文化特色与形态
秦淮画卷：秦淮文化特色与形态
冰雪天东：关东文化特色与形态

节庆习俗

普天同庆：春节习俗与文化内涵
张灯结彩：元宵习俗与彩灯文化
寄托哀思：清明祭祀与寒食习俗
粽情端午：端午节与赛龙舟习俗
浪漫佳期：七夕节俗与妇女乞巧
花好月圆：中秋节俗与赏月之风
九九踏秋：重阳节俗与登高赏菊
千秋佳节：传统节日与文化内涵
民族盛典：少数民族节日与内涵
百姓聚欢：庙会活动与赶集习俗

民风根源

血缘脉系：家族家谱与家庭文化
万姓之根：姓氏与名字号及称谓
生之由来：生庚生肖与寿诞礼俗
婚事礼俗：嫁娶礼俗与结婚喜庆
人生遵论：人生处世与礼俗文化
幸福美满：福禄寿喜与五福临门
礼仪之邦：古代礼制与礼仪文化
祭祀庆典：传统祭典与祭祀礼俗
山水相依：依山傍水的居住文化

衣食天下

衣冠楚楚：服装艺术与文化内涵
凤冠霞帔：佩饰艺术与文化内涵
丝绸锦绣：古代纺织精品与布艺
绣美中华：刺绣文化与四大名绣
以食为天：饮食历史与筷子文化
美食中国：八大菜系与文化内涵
中国酒道：酒历史酒文化的特色
酒香千年：酿酒遗址与传统名酒
茶道风雅：茶历史茶文化的特色

国风美术

丹青史话：绘画历史演变与内涵
国画风采：绘画方法体系与类别
独特画派：著名绘画流派与特色
国画瑰宝：传世名画的绝色魅力
国风长卷：传世名画的大美风采
艺术之根：民间剪纸与民间年画
影视鼻祖：民间皮影戏与木偶戏
国粹书法：书法历史与艺术内涵
翰墨飘香：著名书法名作与艺术
行书天下：著名行书精品与艺术

汉语之魂

汉语源流：汉字汉语与文章体类
文学经典：文学评论与作品选集
古老哲学：哲学流派与经典著作
史册汗青：历史典籍与文化内涵
统御之道：政论专著与文化内涵
兵家韬略：兵法谋略与文化内涵
文苑集成：古代文献与经典专著
经传宝典：古代经传与文化内涵
曲苑音坛：曲艺说唱项目与艺术
曲艺奇葩：曲艺伴奏项目与艺术

博大文学

神话魅力：神话传说与文化内涵
民间相传：民间传说与文化内涵
英雄赞歌：四大英雄史诗与内涵
灿烂散文：散文历史与艺术特色
诗的国度：诗的历史与艺术特色
词苑漫步：词的历史与艺术特色
散曲奇葩：散曲历史与艺术特色
小说源流：小说历史与艺术特色
小说经典：著名古典小说的魅力

歌舞共媒
古乐流芳：古代音乐历史与文化
钧天广乐：古代十大名曲与内涵
八音古乐：古代乐器与演奏艺术
鸾歌凤舞：古代大曲历史与艺术
妙舞长空：舞蹈历史与文化内涵
体育古项：体育运动与古老项目
民俗娱乐：民俗运动与古老项目
刀光剑影：器械武术种类与文化
快乐游艺：古老游艺与文化内涵
开心棋牌：棋牌文化与古老项目

戏苑杂谈
梨园春秋：中国戏曲历史与文化
古戏经典：四大古典悲剧与喜剧
关东曲苑：东北戏曲种类与艺术
京津大戏：北京与天津戏曲艺术
燕赵戏苑：河北戏曲种类与艺术
三秦戏苑：陕西戏曲种类与艺术
齐鲁戏台：山东戏曲种类与艺术
中原曲苑：河南戏曲种类与艺术
江淮戏话：安徽戏曲种类与艺术

梨园谱系
苏沪大戏：江苏上海戏曲与艺术
钱塘戏话：浙江戏曲种类与艺术
荆楚戏台：湖北戏曲种类与艺术
潇湘梨园：湖南戏曲种类与艺术
滇黔好戏：云南贵州戏曲与艺术
八桂梨园：广西戏曲种类与艺术
闽台戏苑：福建戏曲种类与艺术
粤琼戏话：广东戏曲种类与艺术
赣江好戏：江西戏曲种类与艺术

科技回眸
创始发明：四大发明与历史价值
科技首创：万物探索与发明发现
天文回望：天文历史与天文科技
万年历法：古代历法与岁时文化
地理探究：地学历史与地理科技
数学史鉴：数学历史与数学成就
物理源流：物理历史与物理科技
化学历程：化学历史与化学科技
农学春秋：农学历史与农业科技
生物寻古：生物历史与生物科技

千秋教化
教育之本：历代官学与民风教化
文武科举：科举历史与选拔制度
教化于民：太学文化与私塾文化
官学盛况：国子监与学宫的教育
朗朗书院：书院文化与教育特色
君子之学：琴棋书画与六艺课目
启蒙经典：家教蒙学与文化内涵
文房四宝：纸笔墨砚及文化内涵
刻印时代：古籍历史与文化内涵
金石之光：篆刻艺术与印章碑石

传统美德
君子之为：修身齐家治国平天下
刚健有为：自强不息与勇毅力行
仁爱孝悌：传统美德的集中体现
谦和好礼：为人处世的美好情操
诚信知报：质朴道德的重要表现
精忠报国：民族精神的巨大力量
克己奉公：强烈使命感和责任感
见利思义：崇高人格的光辉写照
勤俭廉政：民族的共同价值取向
笃实宽厚：宽厚品德的生活体现

文化标记
龙凤图腾：龙凤崇拜与舞龙舞狮
吉祥如意：吉祥物品与文化内涵
花中四君：梅兰竹菊与文化内涵
草木有情：草木美誉与文化象征
雕塑之韵：雕塑历史与艺术内涵
壁画遗韵：古代壁画与古墓丹青
雕刻精工：竹木骨牙角匏与工艺
百年老号：百年企业与文化传统
特色之乡：文化之乡与文化内涵

悠久历史
古往今来：历代更替与王朝千秋
天下一统：历代统一与行动韬略
太平盛世：历代盛世与开明之治
变法图强：历代变法与图强革新
古代外交：历代外交与文化交流
选贤任能：历代官制与选拔制度
法治天下：历代法制与公正严明
古代税赋：历代赋税与劳役制度
三农史志：历代农业与土地制度
古代户籍：历代区划与户籍制度

历史长河
兵器阵法：历代军事与兵器阵法
战事演义：历代战争与著名战役
货币历程：历代货币与钱币形式
金融形态：历代金融与货币流通
交通巡礼：历代交通与水陆运输
商贸纵观：历代商业与市场经济
印纺工业：历代纺织与印染工艺
古老行业：三百六十行由来发展
养殖史话：古代畜牧与古代渔业
种植细说：古代栽培与古代园艺

杰出人物
文韬武略：杰出帝王与励精图治
千古忠良：千古贤臣与爱国爱民
将帅传奇：将帅风云与文韬武略
思想宗师：先贤思想与智慧精华
科学鼻祖：科学精英与求索发现
发明巨匠：发明天工与创造英才
文坛泰斗：文学大家与传世经典
诗神巨星：天才诗人与妙绝华篇
画界巨擘：绘画名家与绝代精品
艺术大家：艺术大师与杰出之作

信仰之光
儒学根源：儒学历史与文化内涵
文化主体：天人合一的思想内涵
处世之道：传统儒家的修行法宝
上善若水：道教历史与道教文化

强健之源
中国功夫：中华武术历史与文化
南拳北腿：武术种类与文化内涵
少林传奇：少林功夫历史与文化